4
1972

Faserforschung und Textiltechnik

WISSENSCHAFTLICH-TECHNISCHE ZEITSCHRIFT FÜR DIE CHEMIEFASER- UND TEXTILINDUSTRIE

AKADEMIE-VERLAG BERLIN

Faserforsch. u. Textiltechnik • 23. Jahrg. • Heft 4 • Seiten 141–186 • Berlin im April 1972
FSTXA7 23 (4) 141–186 (1972)
Preis: 15,– M • Sonderpreis DDR: 9,– M

DK 661.728.86:661.728.89:532.771:532.133:535.36:541.18.043.5

Dautzenberg, Herbert, Linow, Karl-Joachim, und *Philipp, Burkart*

Zur Charakterisierung von Cellulosenitrat und -carbanilat in verdünnter Lösung mittels Lichtstreuung, Sedimentationsmessung und Viskosimetrie

Faserforsch. u. Textiltechnik **23** (1972) 4, S. 141—147. 12 Abb., 6 Tab., 20 Lit.

Zur Charakterisierung der Cellulose wurden Sedimentations-, Lichtstreuungs- und Viskositätsmessungen an Cellulosenitraten und -carbanilaten durchgeführt. Die Ergebnisse bestätigen den schon früher festgestellten Abbaueffekt bei der Herstellung des Cellulosenitrats. Sowohl für die Nitrate als auch für die Carbanilate werden [η]-M-Beziehungen angegeben. Anhand der Cellulosenitratproben werden die bei der Ermittlung der ungestörten Knäueldimension und der Expansionskoeffizienten auftretenden Probleme diskutiert.

DK 677.4:678.6/.7:677.014.87:677.014.842:543.422.25

Frigge, Konrad

Bestimmung des Orientierungsgrades von faserbildenden Polymeren mittels Breitlinien-Kernresonanz

Faserforsch. u. Textiltechnik **23** (1972) 4, S. 164—168. 4 Abb., 4 Tab., 9 Lit.

Aus der Abhängigkeit der zweiten Momente der Kernresonanzlinien vom Winkel zwischen der Faserachse und dem äußeren Magnetfeld erhält man zwei Parameter, die den Orientierungsgrad charakterisieren. Bei der Bestimmung der beiden Parameter wird auch der Ordnungsgrad der Proben berücksichtigt.

DK 677.21:677.862.25:547.339.211:677.014.8:543.888

Uhlig, Egon, und *Teichmann, Rainer*

Pfropfpolymerisation auf Cellulose nach der Mangan(IV)-Methode
II. Analytische Untersuchungen an Cellulose/Polyacrylnitril-Pfropfcopolymeren

Faserforsch. u. Textiltechnik **23** (1972) 4, S. 148—156. 8 Abb., 2. Tab., 23 Lit.

Analytische Untersuchungen an mit dem Mangan(IV)-Initiator nach der Gasphasen-Technik hergestellten Cellulose/Polyacrylnitril-Pfropfcopolymeren werden beschrieben. Die dabei erhaltenen Ergebnisse gestatten Aussagen über die Zusammensetzung und Struktur der Pfropfprodukte.

DK 677.4:677.021.125.26—913.3:677.021.125.271:532.135
677.021.125.264:532.521

Fichman, V. D., und *Vinogradov, Ju. A.*

Untersuchung der Bildungsdynamik von Fäden beim Naßspinnprozeß

Faserforsch. u. Textiltechnik **23** (1972) 4, S. 169—175. 7 Abb., 1 Tab., 11 Lit.

Für die Bewegung eines Fadenbündels und des von ihm mitgerissenen Fällbades beim Spinnen mittels Spinnrohr wurde als Modell die Verschiebung eines Zylinders in einem Rohr gewählt. Auf Basis der *Navier/Stokes*-Gleichung wurden Beziehungen für die Geschwindigkeitsverteilung über den Rohrquerschnitt, die Reibung des Fadens im Fällbad und die Trägheitskraft des vom Faden mitgeführten Fällbades abgeleitet. Für die experimentelle Prüfung der erhaltenen Beziehungen wurde eine Vorrichtung geschaffen. Ein Vergleich experimenteller Werte mit den berechneten ergab eine Differenz von ungefähr 5%, so daß die vorgeschlagene Methode für technische Berechnungen genutzt werden kann. Es wurde festgestellt, daß die Geschwindigkeit der Fadenbildung einen wesentlichen Einfluß auf die Kraft zur Deformation des Strahls an der Düse ausübt.

DK 661.728:542.951.3:543.888:543.851.1:543.43

Slávik, Ivan, und *Kučerová, Mária*

Versuche zur Veresterung der Carboxylgruppen der Cellulose

Faserforsch. u. Textiltechnik **23** (1972) 4, S. 157—160. 4 Tab., 9 Lit.

Die sauren Gruppen der Cellulose wurden mit Methanol, enthaltend H_2SO_4 und P_2O_5, durch verschieden langes Stehen in der Kälte und eventuell durch nachfolgendes Kochen mit Rückflußkühler über 2 h verestert. Die Veresterung wurde durch Abspaltung und kolorimetrische Bestimmung des gebundenen Methanols, durch Bestimmung der freien Säuregruppen vor und nach der Veresterung und durch Kolorimetrie der mit NH_2OH und $FeCl_3$ angefärbten Celluloseblätter verfolgt. Die Übereinstimmung der drei Methoden war sehr mangelhaft, was den sauren Gruppen verschiedenen Typs zugeschrieben wird. Es wurden auch nichtveresterbare saure Gruppen beobachtet, von denen angenommen wird, daß es sich um Endiolgruppen handelt.

DK 677.494.674:677.21:677—168.21:677.017.2/.7:677.017.8

Szegö, Luigi

Eigenschaften der Mischgarne aus Polyester- und Cellulosefasern

Faserforsch. u. Textiltechnik **23** (1972) 4, S. 175—179. 6 Abb., 2 Tab., 11 Lit.

Die Auswahl der geeigneten Typen der beiden Fasergruppen zur Mischung hängt, dem Endzweck entsprechend, von einer Reihe von Faktoren ab; das Hauptaugenmerk ist jedoch im allgemeinen auf die Festigkeit des Mischgarnes gerichtet. In der Arbeit wird gezeigt, auf welche Weise es möglich ist, bei Kenntnis der Kurven der Einzelfasern rechnerisch die Garnfestigkeit vorauszubestimmen. Auf diese Art ist es möglich, optimale Verhältnisse bei der Herstellung der Mischgarne für verschiedene Mischungsverhältnisse zu schaffen. Die berechneten Werte werden durch Messungen an einer Anzahl von Mischgarnen belegt.

DK 677.4:677.494.675'126:677.021.125.3:537.228:677.014.87

Beršev, Evgenij Nikitič, und *Kirillov, Vitalij Vasil'evič*

Orientierung der Fasern in einem elektrostatischen Feld
Teil 2. Bestimmen des statistischen minimalen Orientierungswinkels

Faserforsch. u. Textiltechnik **23** (1972) 4, S. 160—164. 5 Lit.

Der Einfluß der Parameterstreuungen infolge Instabilität der Spannung, ungenauer Wahl des Elektrodenabstandes und Inhomogenität der einzelnen Fasern hinsichtlich ihrer Längen und Polarisierbarkeitswerte auf die Orientierung der Fasern in einem elektrostatischen Feld wird untersucht. Es wird gezeigt, daß selbst bei optimaler Wahl der Parameter der mittlere Orientierungswinkel einer großen Anzahl von Fasern in einem elektrostatischen Feld nicht gleich Null sein wird, weil die einzelnen Parameterwerte für jede Faser von den statistischen Mittelwerten abweichen. Der Begriff des Ausrichtungskoeffizienten wird eingeführt und damit der statistische minimale Faserorientierungswinkel bei optimaler Wahl der Parameter unter Berücksichtigung der Streuung ermittelt. Die Theorie wird experimentell bestätigt.

Die Zeitschrift „Faserforschung und Textiltechnik" erscheint monatlich in Heften zu 48 Textseiten im Format A 4. Der Preis für das Einzelheft beträgt M 15,— (Sonderpreis für DDR M 9,—), für den Vierteljahrbezug M 45,— (Sonderpreis für DDR M 27,—), zuzügl. Bestellgeld. Die Berechnung erfolgt zu Beginn eines Vierteljahrs für 3 Hefte. Bestellungen aus dem Gebiet der Deutschen Demokratischen Republik an ein Postamt, eine Buchhandlung oder den Verlag, aus der Deutschen Bundesrepublik an eine Buchhandlung oder die Auslieferungsstelle Kunst und Wissen, Erich Bieber, 7 Stuttgart 1, Wilhelmstraße 4—6, aus dem Ausland an eine Importbuchhandlung, den Deutschen Buch-Export und -Import GmbH., 701 Leipzig, Postschließfach 276, oder den Akademie-Verlag GmbH., 108 Berlin, Leipziger Str. 3—4 (Fernruf: 220441; Telex-Nr. 0112020; Postscheckkonto 35021) erbeten. Bestellnummer dieses Heftes: 1014/23/4. Alleinige Anzeigenannahme DEWAG-WERBUNG, 102 Berlin, Rosenthaler Str. 28/31, und alle DEWAG-Betriebe in den Bezirksstädten der DDR. — Bestellungen in der UdSSR nehmen entgegen: Städtische Abteilungen von „SOJUZPECHATJ" bzw. Postämter und Postkontore.

Herausgeber und verantwortlich für den Inhalt: Prof. Dr. Erich Correns, Institut für Polymerenchemie der Deutschen Akademie der Wissenschaften zu Berlin, 153 Teltow-Seehof, Fernruf: Teltow 4831; Prof. Dr.-Ing. habil. Wolfgang Bobeth, Institut für Technologie der Fasern der Deutschen Akademie der Wissenschaften zu Berlin, 801 Dresden, Hohe Str. 6, Fernruf: 44721; Prof. Dr.-Ing. Hans Böhringer, Rudolstadt; Prof. Dr. Hermann Klare, Prof. Dr. habil. Burkart Philipp und Dr. habil. Christian Ruscher, Institut für Polymerenchemie der Deutschen Akademie der Wissenschaften zu Berlin, 153 Teltow-Seehof, Fernruf: Teltow 4831. Schriftleiter: Joachim Brämer und Dipl.-Chem. Ingeborg Ruscher, 153 Teltow-Seehof, Kantstr. 55. Verlag: Akademie-Verlag GmbH., 108 Berlin, Leipziger Str. 3—4. Satz und Druck: Druckhaus „Maxim Gorki", 74 Altenburg. — Veröffentlicht unter der Lizenznummer 1280 des Presseamtes beim Vorsitzenden des Ministerrates der Deutschen Demokratischen Republik.

Faserforschung und Textiltechnik

WISSENSCHAFTLICH-TECHNISCHE ZEITSCHRIFT FÜR DIE CHEMIEFASER- UND TEXTILINDUSTRIE

Band 23 April 1972 Heft 4

Zur Charakterisierung von Cellulosenitrat und -carbanilat in verdünnter Lösung mittels Lichtstreuung, Sedimentationsmessung und Viskosimetrie

Herbert Dautzenberg, Karl-Joachim Linow und Burkart Philipp

Deutsche Akademie der Wissenschaften zu Berlin, Institut für Faserstoff-Forschung in Teltow-Seehof

DK 661.728.86:661.728.89:532.771:532.133:535.36:541.18.043.5

Zur Charakterisierung der Cellulose wurden Sedimentations-, Lichtstreuungs- und Viskositätsmessungen an Cellulosenitraten und -carbanilaten durchgeführt. Die Ergebnisse bestätigen den schon früher festgestellten Abbaueffekt bei der Herstellung des Cellulosenitrats. Sowohl für die Nitrate als auch für die Carbanilate werden $[\eta]$-M-Beziehungen angegeben. Anhand der Cellulosenitratproben werden die bei der Ermittlung der ungestörten Knäueldimension und der Expansionskoeffizienten auftretenden Probleme diskutiert.

К определению свойств нитрата и карбанилата целлюлозы в разбавленных растворах методами светорассеяния, седиментации и вискозиметрии

С целью определения свойств целлюлозы нитраты и карбанилаты целлюлозы изучались методами седиментации, светорассеяния и вискозиметрии. Полученные результаты подтверждают ранее установленное наличие деструкции при получении нитрата целлюлозы. Для нитратов и карбанилатов установлен вид зависимости $[\eta]-M$. На примере нитратов целлюлозы обсуждаются проблемы, возникающие при определении невозмущенных размеров клубка и коэффициентов расширения.

Characteristics of Cellulose Nitrate and Carbanilate in Dilute Solution by Light Scattering, Sedimentation and Viscosity Measurements

The characteristics of cellulose in dilute solution have been investigated with cellulose nitrates and carbanilates by sedimentation, viscosity and light scattering measurements. The results support the previously stated degradation of cellulose during the formation of nitrates. $[\eta]$-M relationships are presented for carbanilates and nitrates. The problems arising in the determination of the unperturbed coil dimensions and the expansion coefficient with cellulose nitrates are discussed.

1. *Einführung und Zielsetzung*

Da eine Auflösung der Cellulose und damit auch eine Bestimmung der Molekülparameter nicht ohne chemische Umsetzung möglich ist, wurden üblicherweise leicht lösliche Celluloseester und -äther zur Bestimmung dieser Größen herangezogen. Hierbei wurde meist vorausgesetzt, daß die Umwandlung der Cellulose in das betreffende Derivat „polymeranalog", d. h. ohne Kettenabbau, durchführbar ist. Als stabiles und leicht lösliches Cellulosederivat wird für diese Untersuchungen nach wie vor das Cellulosenitrat am häufigsten herangezogen, obwohl schon wiederholt auf Abbauvorgänge bei dessen Herstellung hingewiesen wurde [1 bis 4] und die von verschiedenen Autoren für Cellulosenitrate angegebenen Beziehungen selbst bei gleichem Meßverfahren stark divergieren [5]. Durch Vergleich verschiedener, aus der gleichen Ausgangsprobe hergestellter Cellulosederivate hatten wir in einer früheren Veröffentlichung [6] diesen Abbaueffekt bei der Cellulosenitratbildung bestätigt und systematisch untersucht, und zwar unter Anwendung eines von uns entwickelten Sedimentations/Viskositäts-Verfahrens zur Molmassebestimmung [6, 7].

Ziel der vorliegenden Arbeit war, die damals erhaltenen Ergebnisse und die dabei angewandte „s-$[\eta]$-Methode" mit einer anderen, unabhängigen Absolutmethode zur Molmassebestimmung, nämlich der Lichtstreuungsmessung, zu vergleichen und bei Übereinstimmung hieraus eine möglichst zuverlässige $[\eta]$-M-Beziehung für Cellulosenitrat und Cellulosecarbanilat abzuleiten. Gleichzeitig wurden die Moleküldimensionen der Cellulosenitrate vor allem in Abhängigkeit von Temperatur und Molmasse aus den Meßdaten errechnet, um einen Beitrag zur weiteren Klärung des Lösungszustandes verdünnter Cellulosederivatlösungen zu geben.

2. *Experimenteller Teil*

2.1. *Präparateherstellung*

Ausgangsmaterial für die Herstellung der Cellulosederivate war eine Probe Baumwoll-Linters, die durch Hydrolyse mit 0,5 N-HCl bei 80 °C und einem Flottenverhältnis von 1:100 bei unterschiedlichen Hydrolysezeiten verschieden weit abgebaut wurde. Sechs dieser Proben wurden zu einem Teil nach *Thinius* und *Thümmler* [8] in die Cellulosenitrate (Bezeichnung CN 1 bis CN 6) und zum anderen Teil nach einer bereits früher von uns veröffentlichten Vorschrift [6] in die entsprechenden Cellulosecarbanilate (Bezeichnung CC 1 bis CC 6) überführt.

2.2. *Viskositätsmessungen*

Die Viskositätsmessungen aller Proben erfolgten mit einem *Ubbelohde*-Viskosimeter Kap. 0a an verdünnten Lösungen in Aceton, wobei die Konzentrationen der einzelnen Proben so gewählt wurden, daß die spezifischen Viskositäten zwischen 0,5 und 2,0 lagen. Nach der Gleichung von *Schulz* und *Blaschke* [9]

$$[\eta] = \frac{\eta_{spez/c}}{1 + k_{SB}\, \eta_{spez}} \qquad (1)$$

wurden Viskositätszahlen $[\eta]$ mit $k_{SB} = 0{,}29$ (Cellulosenitrate) und $k_{SB} = 0{,}30$ (Cellulosecarbanilate) berechnet. Diese Viskositätszahlen gelten für das Geschwindigkeitsgefälle des reinen Acetons unter den verwendeten Meßbedingungen von $D = 4100\ s^{-1}$ ($[\eta]_{4100}$). Die Umrechnung der Viskositätszahlen auf die Geschwindigkeitsgefälle $D = 1300\ s^{-1}$ (*Ostwald*-Viskosimeter) und $D = 0\ s^{-1}$ erfolgte

Tabelle 1. Viskositätszahlen der untersuchten Cellulosenitrate und -carbanilate

Probe	$[\eta]_{4100}$ cm^3/g	$[\eta]_{1300}$ cm^3/g	$[\eta]_0$ cm^3/g
C-Nitrate			
CN 1	2375	2984	3378
CN 2	1766	2112	2324
CN 3	1356	1564	1684
CN 4	948	1054	1107
CN 5	555	591	610
CN 6	210	215	218
C-Carb-anilate			
CC 1	989	1236	1399
CC 2	786	945	1144
CC 3	544	622	667
CC 4	403	446	469
CC 5	244	261	269
CC 6	101	104	105

nach [10] mit Hilfe der dort für diese Systeme angegebenen Kurven. Eine Zusammenfassung der Ergebnisse zeigt Tabelle 1.

2.3. Lichtstreuungsmessungen

Die Lichtstreuungsmessungen wurden sowohl für die Cellulosenitrate als auch für die Carbanilate an Acetonlösungen durchgeführt. Wir verwendeten Aceton p. a., das zusätzlich über Molekularsieb (Zeosorb 5 JM) getrocknet wurde. Für die Verdünnungsreihen wurde eine Stammlösung der höchsten Konzentration hergestellt. Da der Auflösungsvorgang besonders bei den hochmolekularen Proben sehr langsam verläuft, wurden die Lösungen 6 Tage lang jeweils 8 h pro Tag auf einer Schüttelmaschine geschüttelt.

Die so hergestellten Stammlösungen wurden durch 2 h Zentrifugieren bei 15000 U/min von Staub gereinigt. Eine merkliche Abtrennung des Polymeren beim Zentrifugieren war unter diesen Bedingungen nicht zu beobachten, wie differentialrefraktometrische Kontrollmessungen — zentrifugierte Lösung gegen nicht zentrifugierte Lösung — zeigten. Die Konzentrationen der Stammlösungen wählten wir so niedrig, daß möglichst in einem Bereich gearbeitet wurde, in dem sich die wahren molekularen Parameter ermitteln lassen und eine Variation der Präparationsbedingungen keinen Einfluß auf die Streuintensitäten hat. Die Verdünnungsreihen wurden in einzelnen Küvetten parallel zueinander durch Einfüllen der entsprechenden Mengen zentrifugierter Stammlösungen und filtrierten Acetons hergestellt.

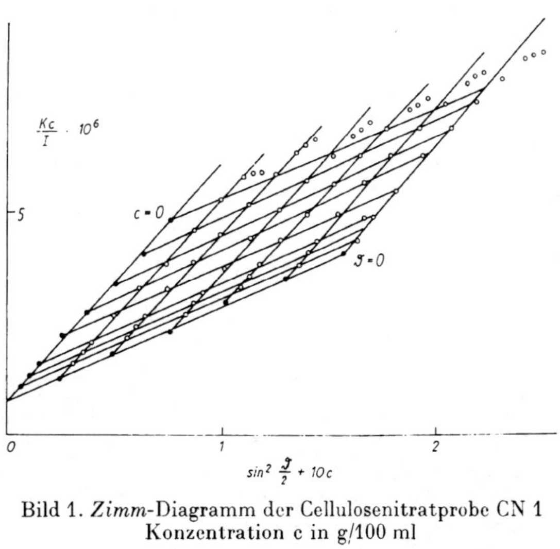

Bild 1. *Zimm*-Diagramm der Cellulosenitratprobe CN 1 Konzentration c in g/100 ml

Tabelle 2. Ergebnisse der Lichtstreuungsmessungen an Cellulosenitraten und -carbanilaten

	$M_w \cdot 10^{-6}$	$A_2 \cdot 10^6$ 100 ml/g	$r_z \cdot 10^{-3}$ Å	$r_w \cdot 10^{-3}$* Å	C_0 %
C-Nitrate					
CN 1	1,4	10,7	1,55	1,19	0,010
CN 2	1,1	10,7	1,34	1,05	0,013
CN 3	0,78	11,2	1,13	0,88	0,015
CN 4	0,39	10,7	0,78	0,63	0,023
CN 5	0,21	11,0	0,56	0,46	0,033
CN 6	0,076	13,0	0,363	0,28	
C-Carb-anilate					
CC 1	5,9	3,6	2,10		0,018
CC 3	2,3	2,0	1,27		
CC 4	0,89	2,6	0,79		
CC 5	0,73	2,7	—		
CC 6	0,42	0,7	—		

*) Die r_z-Werte wurden nach der Relation $r_w = r_z \cdot \left(\frac{1+u}{1+2u}\right)^{1/2}$ in die r_w-Werte umgerechnet. Für u bestimmten wir aus den Fraktionierungskurven im Mittel den Wert 0,5.

Die Lichtstreuungsmessungen wurden mit dem Streulichtphotometer Sofica bei $\lambda = 546$ nm und mit unpolarisiertem Licht bei 20 °C ± 0,2 grd durchgeführt. Die Brechungsinkremente bestimmten wir mit einem Brice-Phönix-Differentialrefraktometer. Die von uns gefundenen Werte $dn/dc = 0{,}112$ $cm^3\,g^{-1}$ für die Cellulosenitrate und $dn/dc = 0{,}210$ $cm^3\,g^{-1}$ für die Carbanilate liegen über den in der Zusammenstellung von *Huglin* [11] angegebenen Werten. Der Wert für die Cellulosenitrate stimmt aber gut mit dem von *Schulz* und *Penzel* [12] gefundenen überein.

Die Auswertung der Messungen erfolgte durch Auftragung in *Zimm*-Diagrammen. Zur Demonstration sind in Bild 1 die *Zimm*-Diagramme für die Cellulosenitratprobe CN 1 und in Bild 2 für die Cellulosecarbanilatprobe CC 3 angegeben. Aus den *Zimm*-Diagrammen wurden in der üblichen Weise nach der Gleichung

$$\frac{Kc}{I(\vartheta)} = \frac{1}{M_w} P^{-1}_{(\vartheta)} + 2A_2 Q(\vartheta) + \cdots \quad (2)$$

die relativen Molekülmassen M, die zweiten Virialkoeffizienten A_2 und die mittleren Gyrationsradien $\overline{r_z^2}^{1/2}$ bestimmt. Die Ergebnisse sind in Tabelle 2 zusammengestellt.

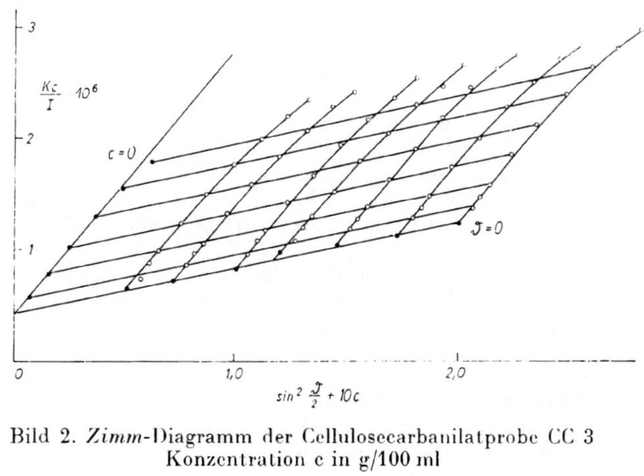

Bild 2. *Zimm*-Diagramm der Cellulosecarbanilatprobe CC 3 Konzentration c in g/100 ml

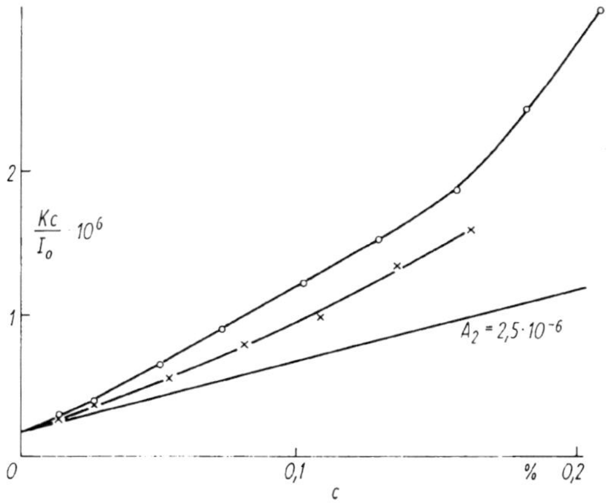

Bild 3. Konzentrationsabhängigkeit der Größe Kc/I_0 für die Probe CC 1

∘ 0,2%ige Stammlösung, × 0,15%ige Stammlösung; die Gerade entspricht der Konzentrationsabhängigkeit für eine molekulare Lösung.

Für die Carbanilate CC 5 und CC 6 konnten infolge einer starken Krümmung der Streukurven, die wahrscheinlich durch eine hohe Polydispersität bedingt ist, keine zuverlässigen Werte für die Gyrationsradien ermittelt werden.

Auffallend sind die starken Schwankungen in den A_2-Werten bei den Cellulosecarbanilaten. Wir möchten die für die Proben CC 3, CC 4 und CC 5 gefundenen Werte für richtig ansehen. Der zu hohe Wert für die Probe CC 1 ist darauf zurückzuführen, daß in dem untersuchten Konzentrationsbereich noch keine molekulare Lösung vorliegt. Dafür spricht ein Vergleich des Streuverhaltens der Verdünnungsreihe einer 0,15%igen und einer 0,2%igen Stammlösung (s. Bild 3). Für die 0,2%ige Stammlösung ist das Abweichen vom Verhalten einer molekularen Lösung wesentlich stärker ausgeprägt. Die gemessenen, zu niedrigen Streuintensitäten, d. h. zu hohen Kc/I_0-Werte, sind wahrscheinlich durch die Ausbildung eines homogenen Netzwerkes in den Stammlösungen bedingt, das bei den geringfügigen mechanischen Beanspruchungen durch das Umrühren beim Verdünnen im gewissen Grade erhalten bleibt. Die Konzentration C_0, bei der für diese Probe das ganze Volumen der Lösung gerade durch die Volumina der ungestörten Einzelknäuel ausgefüllt wird, beträgt etwa 0,02%. Für den extrem niedrigen A_2-Wert der Probe CC 5 kann zur Zeit noch keine befriedigende Interpretation gegeben werden.

2.4. Sedimentationsmessungen

Von jeder Probe wurden Messungen an vier Lösungen unterschiedlicher Konzentration nach dem in [6, 7] bereits von uns beschriebenen Verfahren durchgeführt und als „Einpunktmessungen" ausgewertet. Die erhaltenen Resultate wurden für jede Probe gemittelt und ergaben eine Standardabweichung von $\pm$ 1,6 bis $\pm$3,1% für die auf die Konzentration Null extrapolierte Sedimentationskonstante s_0 bzw. $\pm$2,4 bis $\pm$4,7% für die aus Sedimentations- und Viskositätsmessungen berechneten mittleren relativen Molekülmassen. Die erhaltenen Ergebnisse sind in Tabelle 3 zusammengestellt.

Tabelle 3. Resultate der Sedimentationsmessungen an Cellulosenitraten und -carbanilaten

Probe	$\frac{s_0 \cdot 10^{13}}{s}$	$M_{s,[\eta]} \cdot 10^{-6}$	$DP_{s,[\eta]}$
C-Nitrate			
CN 1	29,3	1,54	5360
CN 2	24,7	1,00	3470
CN 3	22,7	0,75	2590
CN 4	19,2	0,47	1650
CN 5	15,7	0,26	903
CN 6	12,6	0,11	389
C-Carbanilate			
CC 1	52,5	5,66	11780
CC 2	45,4	3,93	8190
CC 3	39,5	2,55	5320
CC 4	31,8	1,54	3210
CC 5	24,0	0,73	1520
CC 6	18,6	0,32	670

3. Diskussion der Meßergebnisse

3.1. $[\eta]$-M-Beziehungen

In den Bildern 4 und 5 sind unsere Meßergebnisse in der üblichen Darstellung lg $[\eta]$ über lg M für die Cellulosenitrate bzw. -carbanilate aufgetragen. Die gute Übereinstimmung der nach beiden Methoden erhaltenen Werte für die relativen Molekülmassen ermöglicht eine gemeinsame Auswertung der Meßpunkte.

Eine Ausgleichsrechnung liefert folgende Eichbeziehungen:

Cellulosenitrate

$$[\eta]_0 = 8{,}63 \cdot 10^{-3}\, M^{0{,}90}, \qquad (3)$$

Cellulosecarbanilate

$$[\eta]_0 = 1{,}02 \cdot 10^{-3}\, M^{0{,}91}. \qquad (4)$$

Die Standardabweichungen der Meßpunkte von den Ausgleichsgeraden betragen $\pm$8,3% (Cellulosenitrat) bzw. 15% (Cellulosecarbanilat).

Für Cellulosenitrate sind aus der Literatur zahlreiche Eichbeziehungen bekannt, deren Konstanten erheblich voneinander abweichen. So liegen die Angaben im Polymer Handbook [5] für Sedimentations- und Lichtstreuungsmessungen zwischen folgenden Extremen:

$$[\eta] = 1{,}7 \cdot 10^{-3}\, M^{1{,}0} \text{ bis } [\eta] = 2{,}5 \cdot 10^{-3}\, M^{1{,}0}$$

und $[\eta] = 59{,}4 \cdot 10^{-3}\, M^{0{,}76}$.

Bei Zugrundelegung osmotischer Messungen betragen die Schwankungen

$$[\eta] = 2{,}6 \cdot 10^{-3}\, M^{1{,}0} \text{ bis } [\eta] = 3{,}8 \cdot 10^{-3}\, M^{1{,}0}$$

und $[\eta] = 1050 \cdot 10^{-3}\, M^{0{,}52}$.

Selbst innerhalb gleicher Meßmethoden liegen die Schwankungen in unvertretbar weiten Grenzen.

Unsere Ergebnisse stimmen sehr gut mit den neuesten Werten von *Schulz* und *Penzel* [12] (LS-Messung)

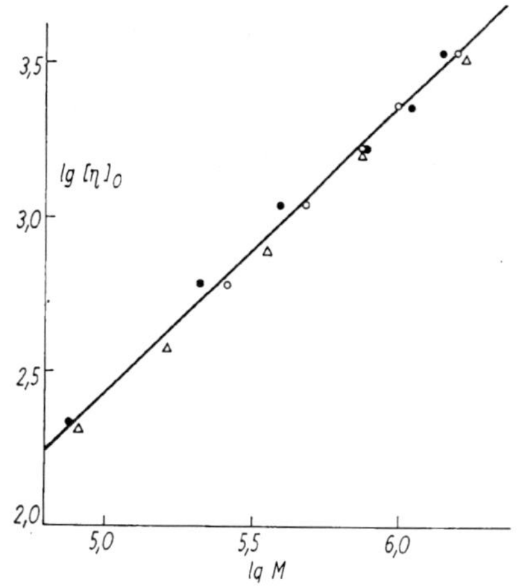

Bild 4. Abhängigkeit der Viskositätszahl von der relativen Molekülmasse für Cellulosenitrate

○ Ultrazentrifuge, • Lichtstreuung, △ Lichtstreuung (*Schulz* und *Penzel* [12])

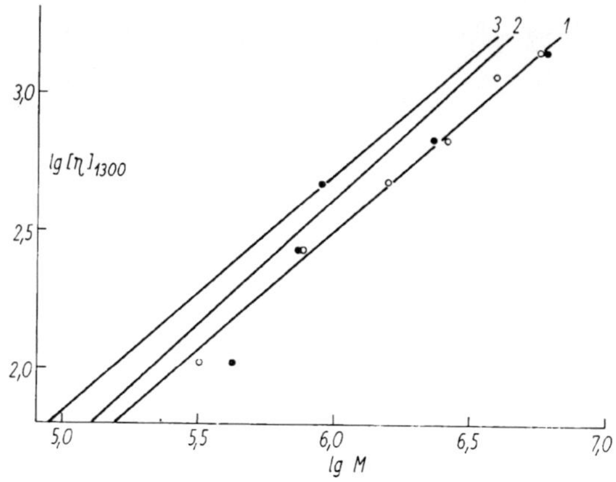

Bild 5. Abhängigkeit der Viskositätszahl von der relativen Molekülmasse für Cellulosecarbanilate

1 eigene Messungen, ○ Ultrazentrifuge, • Lichtstreuung, 2 *Shanbhag* [14], 3 *Burchard* und *Husemann* [13]

$[\eta]_0 = 7{,}6 \cdot 10^{-3}\, M^{0{,}90}$ überein[1]). Die sehr gute Übereinstimmung der nach zwei voneinander unabhängigen Meßmethoden gefundenen Werte verleiht diesen Angaben besonderes Gewicht, so daß uns eine $[\eta]$-M-Beziehung in der Form

$$[\eta]_0 = (8 \pm 0{,}8) \cdot 10^{-3}\, M^{0{,}90 \pm 0{,}02} \qquad (5)$$

am vertrauenswürdigsten erscheint.

Für die in der analytischen Praxis wichtigen Geschwindigkeitsgefälle ergeben sich daraus folgende Gleichungen:

$$[\eta]_{1300} = 13{,}8 \cdot 10^{-3}\, M^{0{,}86} \qquad (6)$$

(*Ostwald*-Viskosimeter),

$$[\eta]_{4100} = 30{,}5 \cdot 10^{-3}\, M^{0{,}79} \qquad (7)$$

(*Ubbelohde*-Viskosimeter).

Für Cellulosecarbanilate liegen wesentlich weniger Literaturangaben vor. In Bild 5 wird unsere Eichbeziehung mit den aus Lichtstreuungsmessungen erhaltenen Werten von *Burchard* [13] und *Shanbhag* [14] verglichen. Da von Burchard nicht die auf $D = 0$ extrapolierten Werte angegeben wurden, sind in Bild 5 die bei $D = 1300\ \mathrm{s^{-1}}$ gemessenen bzw. auf $D = 1300\ \mathrm{s^{-1}}$ umgerechneten Viskositäten aufgetragen. Die dort angegebenen Geraden entsprechen den Beziehungen

$$[\eta]_{1300} = 3{,}46 \cdot 10^{-3}\, M^{0{,}86} \quad (\textit{Burchard}), \qquad (8)$$

$$[\eta]_{1300} = 1{,}43 \cdot 10^{-3}\, M^{0{,}91} \quad (\textit{Shanbhag}), \qquad (9)$$

$$[\eta]_{1300} = 2{,}2 \cdot 10^{-3}\, M^{0{,}86} \quad (\text{eigene Messungen}). \qquad (10)$$

Während die Exponenten zufriedenstellend übereinstimmen, streuen die K-Werte erheblich. Die daraus resultierenden Schwankungen bei der Ermittlung der relativen Molekülmasse bei Vorgabe der Viskositätswerte sind sehr hoch. So erhält man z. B. für $[\eta]_{1300} = 1000$

$$M = 2{,}24 \cdot 10^6\ (\mathrm{B}), M = 2{,}64 \cdot 10^6\ (\mathrm{Sh}),$$
$$M = 3{,}80 \cdot 10^6\ (\text{eig. M.}),$$

und für $[\eta]_{1300} = 100$

$$M = 1{,}59 \cdot 10^5\ (\mathrm{B}), M = 2{,}10 \cdot 10^5\ (\mathrm{Sh}),$$
$$M = 2{,}60 \cdot 10^5\ (\text{eig. M}).$$

Diese Differenzen liegen jedoch beträchtlich unterhalb der Schwankungsbreite der literaturkundigen Eichbeziehungen für Cellulosenitrat.

Vergleicht man die hier gefundenen relativen Molekülmassen bzw. durchschnittlichen Polymerisationsgrade für das aus einer bestimmten Cellulose-Ausgangsprobe hergestellte Nitrat und Carbanilat (Tabelle 4), so bestätigt sich anhand der hier mit zwei voneinander unabhängigen Absolutmethoden erhaltenen Werte unsere frühere Feststellung eines wesentlich niedrigeren DP der Nitrate im Vergleich zu den entsprechenden Carbanilaten [6].

Im Mittel liegen die DP-Werte der Carbanilate jeweils 1,7 -bis 2,3mal höher als die der Nitrate.

Offensichtlich erfolgt auch unter den hier angewandten sehr schonenden Nitrierbedingungen im gesamten betrachteten DP-Bereich ein erheblicher Abbau, während die Carbanilierung der für analytische Untersuchungen anzustrebenden „polymeranalogen Umsetzung" wesentlich näher kommt.

[1]) Die Werte von *Schulz* und *Penzel* wurden in Bild 3 mit eingezeichnet.

Tabelle 4. Vergleich der rel. Molekülmassen von Cellulosenitrat und -carbanilat

Ausgangsprobe	Cellulosenitrat $M \cdot 10^{-5}$			Cellulosecarbanilat $M \cdot 10^{-6}$		
	$M_{s,[\eta]}$	M_{LS}	$DP_{s,[\eta]}$	$M_{s,[\eta]}$	M_{LS}	$DP_{s,[\eta]}$
1	1,54	1,4	5360	5,66	5,9	11780
3	0,75	0,78	2580	2,55	2,3	5320
4	0,47	0,39	1650	1,54	(0,89)	3210
5	0,26	0,21	903	0,73	0,73	1520
6	0,11	0,08	389	0,32	0,42	670

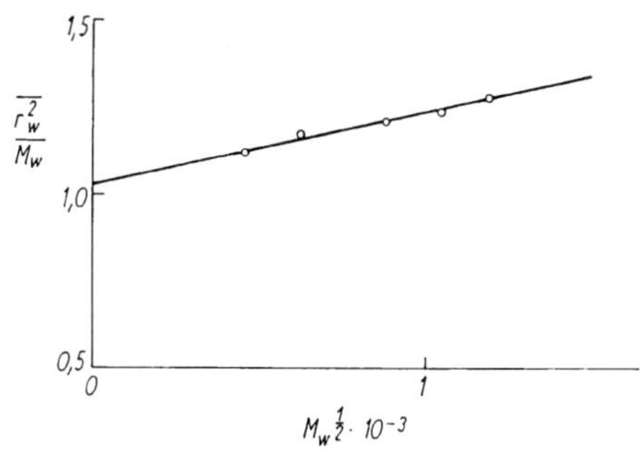

Bild 6. Abhängigkeit der aus der Lichtstreuung ermittelten $\overline{r_w^2}/M_w$-Werte von der relativen Molekülmasse für Cellulosenitrate

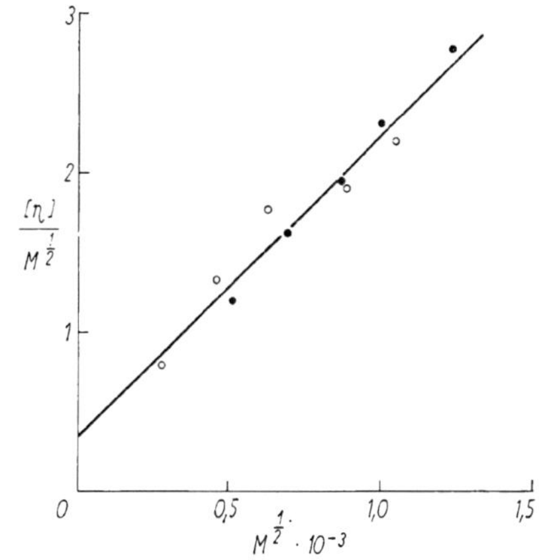

Bild 7. Abhängigkeit der Größe $[\eta]/M^{1/2}$ von der relativen Molekülmasse für Cellulosenitrate
○ Ultrazentrifuge, • Lichtstreuung

3.2. *Moleküldimensionen*

Die Diskussion der Moleküldimensionen soll auf die Cellulosenitrate beschränkt bleiben, da sich bei den Carbanilatproben mit niedrigerer relativer Molekülmasse die Gyrationsradien nicht zuverlässig genug aus den Streukurven abschätzen ließen.

Die aus Lichtstreuungs- und Viskositätsmessungen erhaltenen Daten sind in Tabelle 5 gegenübergestellt.

Zur Abschätzung der mittleren Gyrationsradien r aus den Viskositätsmessungen verfuhren wir wie folgt:

Nach Gleichung (11) [17] wurde der mittlere Endpunktabstand $\overline{(h^2)}^{1/2}$ berechnet;

$$[\eta] = \Phi(\varepsilon)\,\frac{\overline{(h^2)}^{3/2}}{M} \qquad (11)$$

mit $\Phi_{(\varepsilon)} = \Phi_0(1 - 2{,}63\,\varepsilon + 2{,}86\,\varepsilon^2)$ (12)

und $\varepsilon = \frac{2}{3}(a - 0{,}5) = 0{,}267$ (13)

(a = Exponent der *Mark/Houwink*-Gleichung),

$$\Phi_0 = 2{,}68 \cdot 10^{23}\ [15],$$

d. h. $\Phi_{(\varepsilon)} = 1{,}34 \cdot 10^{23}$.

Für die Umrechnung von $\overline{(h^2)}^{1/2}$ auf den mittleren Gyrationsradius r gilt [16]:

$$\overline{h^2} = (\varepsilon^* + 2)(\varepsilon^* + 3)\,\overline{r^2}. \qquad (14)$$

Tabelle 5. Vergleich der aus Lichtstreuungs- und Viskositätsmessungen erhaltenen Trägheitsradien r und Expansionsfaktoren α

Probe	$r_{LS} \cdot 10^{-3}$ Å	$r_{[\eta]} \cdot 10^{-3}$ Å $\varepsilon^* = 0$	$r_{[\eta]} \cdot 10^{-3}$ Å $\varepsilon^* = 0{,}2$	α_{LS}	$\alpha_{[\eta]}$
CN 1	1,35	1,40	1,29	1,12	2,50
CN 2	1,17	1,06	0,98	1,10	2,40
CN 3	0,98	0,86	0,80	1,09	2,28
CN 4	0,68	0,64	0,59	1,07	2,13
CN 5	0,49	0,43	0,40	1,05	1,93
CN 6	0,32	0,23	0,21	1,0	1,58

ε^* wird durch die Knäuelexpansion bedingt und stimmt mit ε aus Gl. (13) nur überein, wenn undurchspülbare Knäuel vorliegen. Für ε^* gilt nach [17]

$$\varepsilon^* = \frac{\alpha^2 - 1}{5\alpha^2 - 3}. \qquad (15)$$

Damit liegt ε^* zwischen 0 und 0,2. In Tabelle 5 sind die für diese beiden Grenzwerte berechneten Gyrationsradien angegeben.

Die Übereinstimmung der aus den Lichtstreuungsmessungen und den Viskositäten ermittelten Gyrationsradien erscheint zunächst recht gut. Nicht zu verkennen ist jedoch, daß die Zunahme der r-Werte mit steigender relativer Molekülmasse bei $r_{[\eta]}$ bedeutend stärker ist. Dies führt bei der Ermittlung der ungestörten Dimensionen zu stark unterschiedlichen Werten für die Größe $\overline{r_\theta^2}/M$. Die Auswertung nach *Burchard* und *Husemann* [13] (Bild 6) liefert für die Lichtstreuung den Wert 1,03 Å² und die Auswertung nach *Stockmayer* und *Fixman* [18] und nach *Krigbaum* [19] (Bild 7) für die Viskositätsmessungen den Wert 0,193 Å² bei $\varepsilon^* = 0$. Damit erhält man die in Tabelle 5 angegebenen α-Werte für die Expansionskoeffizienten.

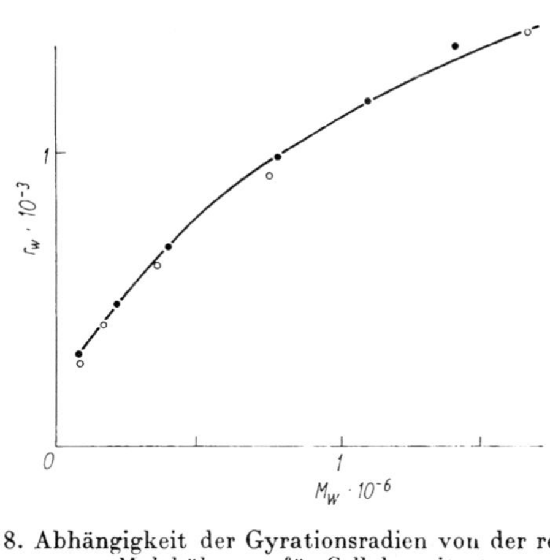

Bild 8. Abhängigkeit der Gyrationsradien von der relativen Molekülmasse für Cellulosenitrate
○ Lichtstreuung, eigene Messungen
• *Schulz* und *Penzel* [12]

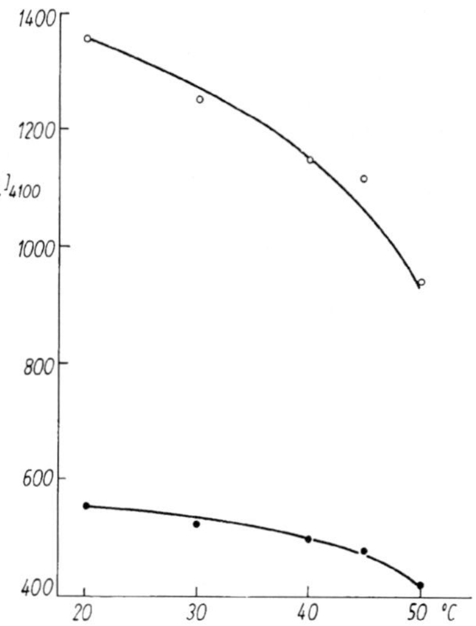

Bild 9. Temperaturabhängigkeit der Viskositätszahl von Cellulosenitraten
○ CN 3, • CN 5

Diese Ergebnisse entsprechen voll den von *Schulz* und *Penzel* gefundenen Werten, insbesondere ermittelten wir ebenfalls aus den Lichtstreuungsdaten sehr niedrige Expansionskoeffizienten. Da die Abhängigkeit der Gyrationsradien von der relativen Molekülmasse bei *Schulz* und *Penzel* mit der von uns gemessenen vollständig übereinstimmt (Bild 8), war dieses Resultat zu erwarten. Damit ergeben sich für unsere Daten praktisch die gleichen Deutungsmöglichkeiten, wie sie von *Schulz* und *Penzel* und von *Kamide* [20] angegeben wurden. Diese Autoren betrachten die aus der Lichtstreuung bestimmten niedrigeren Expansionskoeffizienten als real und deuten die stärkere Abhängigkeit der aus den Viskositätswerten berechneten Dimensionen von der relativen Molekülmasse als einen auf Grund der Knäueldurchspülung vorgetäuschten Effekt. Da die Extrapolation auf die ungestörten Dimensionen bei der Lichtstreuung auf der Abhängigkeit der Größe

$$\frac{\overline{r_w^2}}{M_w}$$

von der relativen Molekülmasse beruht, kann diese Extrapolation mit einem hohen Fehler behaftet sein. Die Genauigkeit bei der Ermittlung der relativen Molekülmassen liegt bei 10%, und die Bestimmung der mittleren Gyrationsradien liefert ebenfalls einen Fehler von etwa 5%. Hinzu kommt, daß dieser Fehler infolge des von uns gefundenen leicht gekrümmten Verlaufes der Streukurven bei den Proben mit niedrigerer relativer Molekülmasse größer sein kann und man für diese Probe einen etwas zu hohen Anstieg bestimmt.

Um unsere Ergebnisse zu überprüfen, haben wir die Lichtstreuungs- und Viskositätsmessungen an drei Proben (CN 3 und CN 5 Viskositätsmessungen, CN 4 und CN 5 Lichtstreuung) in Abhängigkeit von der Temperatur durchgeführt. Die Änderung der Temperatur ermöglicht eine Variation der Lösungsmittelgüte, d. h. des zweiten Virialkoeffizienten A_2. Die Ergebnisse für die Viskositätsmessungen sind in Bild 9 dargestellt. Mit steigender Temperatur findet man eine beträchtliche Abnahme der Grenzviskosität.

Bei der Auswertung der Lichtstreuungsmessungen ergibt sich durch die Temperaturabhängigkeit des Brechungsinkrementes eine zusätzliche Schwierigkeit. Wir haben die Änderung von dn/dc aus der Abhängigkeit der Kc/I_0-Werte von der Temperatur berechnet (s. Bild 10). Die Anstiege der in Bild 11 dargestellten experimentell ermittelten Streukurven und die aus Bild 10 zu entnehmenden A_2-Werte wurden ent-

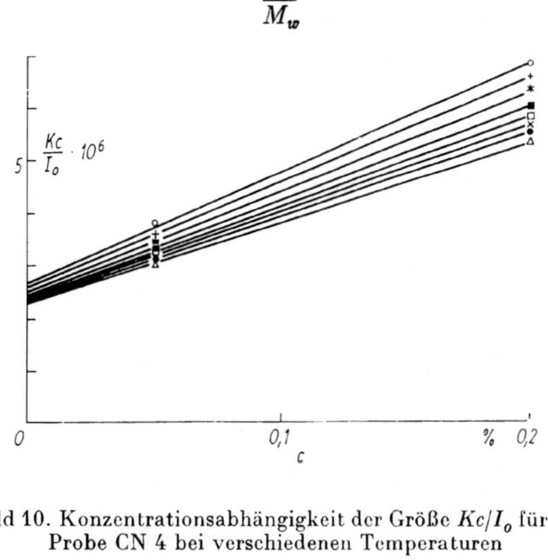

Bild 10. Konzentrationsabhängigkeit der Größe Kc/I_0 für die Probe CN 4 bei verschiedenen Temperaturen
○ 15°, + 20°, ∗ 25°, ■ 30°, □ 35°, × 40°, • 45°, △ 50°C.

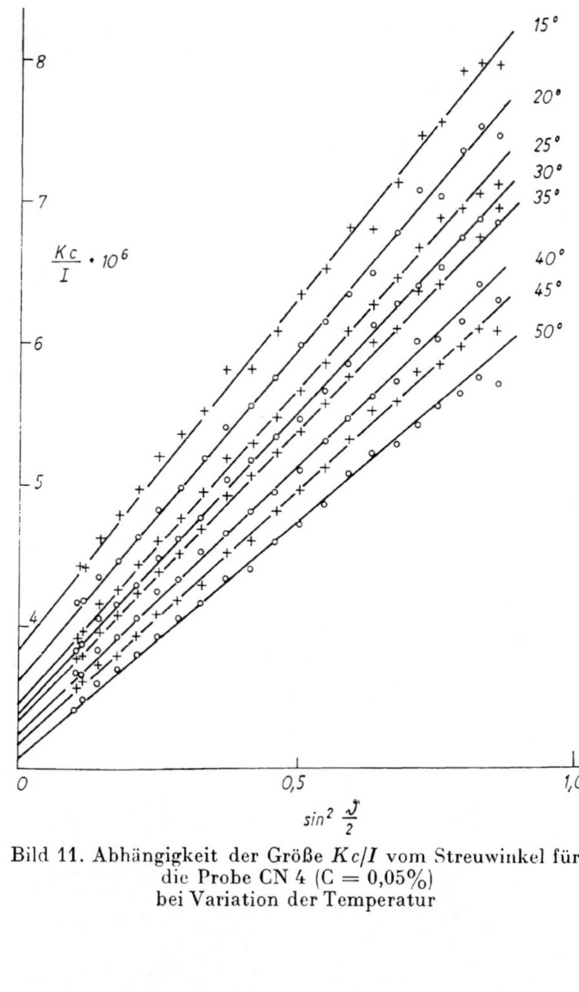

Bild 11. Abhängigkeit der Größe Kc/I vom Streuwinkel für die Probe CN 4 (C = 0,05%) bei Variation der Temperatur

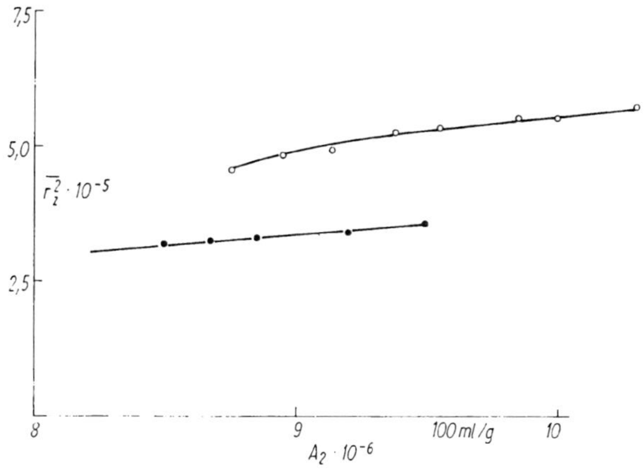

Bild 12. Abhängigkeit der Größe $\overline{r_z^2}$ vom zweiten Virialkoeffizienten (Variation von A_2 durch Temperaturänderung)

sprechend korrigiert. Damit ergibt sich die in Bild 12 aufgezeichnete Abhängigkeit $\overline{r_z^2}$ von A_2. Die Änderung der zweiten Virialkoeffizienten beträgt in dem untersuchten Temperaturbereich nur 10%, während die Änderungen der Knäueldimension um 6% (s. Tabelle 6) bei der geringen Abnahme von A_2 beachtlich sind.

Die Lichtstreuungs- und Viskositätsmessungen liefern, wie zu erwarten, die gleichen Änderungen in den Knäueldimensionen. Leider ist auf Grund der geringen Variation in A_2 eine zuverlässige Extrapolation auf A_2 gleich Null nicht möglich. Die starke Änderung der Gyrationsradien um den Faktor 1,06 bei der geringen Abnahme von A_2 weist auf wesentlich höhere Expansionskoeffizienten hin, als man sie aus der M-Abhängigkeit der aus Lichtstreuungsmessungen ermittelten Moleküldimension bestimmt.

Eine mögliche Erklärung für diesen Sachverhalt liegt unserer Meinung nach darin, daß auf Grund der sehr großen Molekülabmessungen die Lösungen in dem der Messung zugänglichen Konzentrationsbereich noch nicht ausreichend verdünnt sind. Eine Überlappung oder gegenseitige Kompression der Moleküle kann zur Ermittlung von zu niedrigen Moleküldimensionen führen. Dieser Effekt würde sich mit steigender relativer Molekülmasse verstärken.

Tabelle 6. Änderung der Moleküldimensionen mit der Temperatur

Probe	t °C	$\overline{(r^2)}_{t\,°C}^{1/2} / \overline{(r^2)}_{40\,°C}^{1/2}$ aus $[\eta]$	aus LS
CN 3	35	1,02	—
	30	1,04	—
	25	1,05	—
	20	1,06	—
CN 4	35	—	1,03
	30	—	1,04
	25	—	1,05
	20	—	1,06
CN 5	35	1,01	1,01
	30	1,02	1,02
	25	1,03	1,03
	20	1,04	1,06

Für die sorgfältige experimentelle Mitarbeit danken wir Frau *B. Preiß*, Frau *E. Linow* und Fräulein *G. Räder*.

Literatur

[1] *Wandel, M.:* Das Verhalten der Cellulose beim Auflösen in Cuoxam und bei der Nitrierung. Neue Anschauungen über den Verteilungszustand gelöster Cellulosen und ihren strukturellen Aufbau. Dissertation TH Stuttgart 1957.
[2] *Gralen, N.:* Sedimentations- und Diffussionsmessungen an Cellulosen und Cellulosederivaten. Dissertation Uppsala 1944.
[3] *Pearson, G. P.,* und *Moore, W. R.:* The influence of degree of substitution on some viscosity parameters of cellulose nitrate. Polymer, London **1** (1960) S. 144—150.
[4] *Philipp, B.,* und *Linow, K.-J.:* Untersuchungen zur Kettenlängendifferenz zwischen Nitrat- und Cuoxam-DP der Cellulose und ihrer Änderung im Viskoseprozeß. Papier **20** (1966) S. 649—657.
[5] *Brandrup, J.,* und *Immergut, E. H.:* Polymer Handbook. New York/London/Sydney: Interscience Publishers 1966.
[6] *Philipp, B.,* und *Linow, K.-J.:* Zur Deutung der „Kettenlängendifferenz" zwischen Cuoxam- und Nitrat-DP der Cellulose auf Grund absoluter Molmassebestimmungen an einigen Cellulosederivaten. Faserforsch. u. Textiltechnik **21** (1970) S. 13—20.
[7] *Linow, K.-J.,* und *Philipp, B.:* Zur Bestimmung der relativen Molekülmasse von Hochpolymeren durch Messung von Sedimentationsgeschwindigkeit und Viskositätszahl. Faserforsch. u. Textiltechnik **19** (1968) S. 509 bis 513.
[8] *Thinius, K.,* und *Thümmler, W.:* Beitrag zur polymeranalogen Umsetzung der Cellulose zu Cellulosenitrat. Makromol. Chemie **99** (1966) S. 117—125.
[9] *Schulz, G. V.,* und *Blaschke, F.:* Eine Gleichung zur Berechnung der Viskositätszahl für sehr kleine Konzentrationen. J. prakt. Chemie **158** (1941) S. 130—135; **159** (1941) S. 146—154.
[10] *Linow, K.-J.,* und *Philipp, B.:* Über die Extrapolation der Viskositätszahl von Hochpolymeren auf das Geschwindigkeitsgefälle Null. Faserforsch. und Textiltechnik **20** (1969) S. 521—528.
[11] *Huglin, M. B.:* Specific refractive index increments of polymer solutions. Part. I. Literature values. J. appl. Polymer Sci. **9** (1965) S. 3963—4001.
[12] *Schulz, G. V.,* und *Penzel, E.:* Expansionskoeffizient (α) und zweiter Virialkoeffizient (A_2) der Lösungen von Cellulosenitraten in Aceton. Makromol. Chemie **112** (1968) S. 260—280.
[13] *Burchard, W.,* und *Husemann, E.:* Eine vergleichende Strukturanalyse von Cellulose- und Amylosetricarbanilaten in Lösung. Makromol. Chemie **44** (1961) S. 358 bis 378.
[14] *Shanbhag, V. P.:* The viscosity molecular weight relationship and the configuration of cellulose tricarbanilate in the solvents acetone, cyclohexanone and dioxane. Ark. Kemi **29** (1969) S. 1—22.
[15] *Pyun, C. W.,* und *Fixman, J.:* Intrinsic viscosity of polymer chains. J. chem. Physics **42** (1965) S. 3838 bis 3844.
[16] *Pticyn, O. B.:* Geometry of linear polymers. V. Light scattering by polymer clusters and volume effects. Ž. fizič. Chimii (Z. physik. Chemie) **31** (1957) S. 1091—1102.
[17] *Cvetkov, V. N., Eskin, V. E.,* und *Frenkel, S. Ja.:* Struktur des Makromoleküls in Lösungen. Moskva: Izd. Nauka 1964, S. 126ff.
[18] *Stockmayer, W. H.,* und *Fixman, M.:* On the estimation of unperturbed dimensions from intrinsic viscosities. J. Polymer Sci., C Polymer Symposia **1** (1963) S. 137—141.
[19] *Krigbaum, W. R.:* Relationship between $[\eta]$ or $\overline{(R^2)}^{3/2}$ and the second virial coefficient. J. Polymer Sci. **18** (1955) S. 315—320.
[20] *Kamide, K.:* On the partially free draining effect in the intrinsic viscosity and sedimentation coefficient of cellulose nitrate solution. Makromol. Chemie **128** (1969) S. 197—216.

Eingegangen am 15. Oktober 1971

Pfropfpolymerisation auf Cellulose nach der Mangan(IV)-Methode

II. Analytische Untersuchungen an Cellulose/Polyacrylnitril-Pfropfcopolymeren[1])

Egon Uhlig

Sektion Chemie der Friedrich-Schiller-Universität Jena

Rainer Teichmann

Forschungsinstitut für Textiltechnologie Karl-Marx-Stadt

DK 677.21:677.862.25:547.339.211:677.014.8:543.888

Analytische Untersuchungen an mit dem Mangan(IV)-Initiator nach der Gasphasen-Technik hergestellten Cellulose/Polyacrylnitril-Pfropfcopolymeren werden beschrieben. Die dabei erhaltenen Ergebnisse gestatten Aussagen über die Zusammensetzung und Struktur der Pfropfprodukte.

Привитая сополимеризация целлюлозы с применением четырехвалентного марганца

II. Аналитические исследования привитых сополимеров целлюлозы с полиакрилонитрилом

Описаны аналитические исследования привитых сополимеров целлюлозы с полиакрилонитрилом, полученных при прививке из паровой фазы и с применением четырехвалентного марганца в качестве инициатора. Полученные результаты позволяют сделать выводы о составе и структуре продуктов прививки.

Graft Polymerisation on Cellulose by the Manganese(IV) Method

II. Analytical Investigations with Cellulose/Polyacrylonitrile Graft Polymers

Analytical Investigations with cellulose/polyacrylonitrile graft copolymers obtained by the manganese(IV) initiator in gaseous phase are described. From the results obtained conclusions are drawn to the composition and structure of the graft copolymers.

1. *Einleitung und Problemstellung*

Für die Synthese von Cellulose/Polyacrylnitril-Pfropfcopolymeren (aus Baumwolle und Acrylnitril) stellt Mangan(IV) einen ausgezeichneten Initiator dar [1]. Die hohe Initiierwirksamkeit dürfte dabei

- auf der festen Bindung des Oxydationsmittels am Rückgratpolymeren [1] (Bildung eines Mangan(IV)/Cellulose-Komplexes [2]),
- auf der *direkten* Bildung von Cellulose-Makroradikalen im Zuge der Celluloseoxydation durch Mangan(IV) [1] und
- auf einer doppelten Initiiermöglichkeit, hervorgerufen durch die beiden radikalbildenden Vorgänge Mangan(IV) → Mangan(III) und Mangan(III) → Mangan(II) [2],

beruhen. Pfropfausbeuten von weit über 100% sind nach der Mangan(IV)-Methode leicht erzielbar [1]. Da Art und Wirksamkeit der Initiierungsreaktion jedoch nicht allein die Höhe der Pfropfausbeuten, sondern darüber hinaus die Zusammensetzung und die Struktur der Pfropfprodukte beeinflussen [3], war Anlaß für einige analytische Untersuchungen an mit dem Mangan(IV)-Initiator hergestellten Cellulose/Polyacrylnitril-Pfropfcopolymeren gegeben.

Die entsprechenden Versuchsergebnisse, deren Kenntnis überdies Voraussetzung für Aussagen über einzelne Eigenschaften des modifizierten Faserstoffes ist [3], werden im folgenden dargelegt und diskutiert.

2. *Zusammensetzung der Pfropfcopolymeren*

Im allgemeinen erhält man bei der Pfropfpolymerisation von Acrylnitril auf Cellulose Produkte, die aus jeweils zwei Homopolymeren (nichtumgesetzte Cellulose, Homopolyacrylnitril) und dem Pfropfcopolymeren bestehen [3]. Das synthetische Homopolymere läßt sich leicht durch Extraktion mit dem selektiv wirkenden Lösungsmittel Dimethylformamid entfernen.

Nach Abtrennung des natürlichen Homopolymeren kann die wahre Menge der Ausgangscellulose, die an der Reaktion teilgenommen hat, also der Umsatzgrad der Cellulose, ermittelt werden [3]. Erfolgt letztere Abtrennung nicht, gestattet zwar die aus der Pfropfausbeute *A* und dem Durchschnittspolymerisationsgrad DP der Seitenketten errechenbare Kettenanzahl keine exakten Angaben über die Seitenkettenverteilung auf die Cellulosemakromoleküle, stellt jedoch trotzdem einen für vergleichende Betrachtungen geeigneten relativen Wert dar. Wir haben daher auf die Beseitigung nichtumgesetzter Cellulose verzichtet und betrachten bei unseren Ausführungen nur das ungebundene Polyacrylnitril als „Homopolymerisat", müssen uns allerdings jederzeit dieser Vereinfachung erinnern (das gilt insbesondere auch für die Berechnung von *A*; vgl. in [1]).

Um Einblick zu erhalten, ob es sich bei den synthetisierten Copolymeren tatsächlich um echte Pfropf- und nicht um Blockcopolymere handelt, sind weiterhin Aussagen über den Ort der Verknüpfung zwischen dem Rückgratpolymeren und den gepfropften Ketten erforderlich.

Die hier kurz umrissenen analytischen Untersuchungen zur Zusammensetzung der Pfropfprodukte erfolgten, abgesehen von einigen Homopolymerisat-Bestimmungen, durchweg an durch Gasphasen-Reaktion erhaltenen Copolymeren.

Tabelle 1. Homopolyacrylnitrilanteil einiger Cellulose/Polyacrylnitril-Pfropfcopolymerer

Proben-Nr.	Massezunahme vor DMF-Extraktion und im Falle von *w* nach Auswaschen bei mechanischer Behandlung %	Masseabnahme durch DMF-Extraktion %	Arbeitstechnik
1	65,2	1,47	*w*
2	55,9	2,07	*w*
3	57,5	1,06	*w*
4	91,9	3,15	*w*
5	70,9	0,71	*g*
6	142,8	2,20	*g*
7	92,8	0,75	*g*
8	149,6	2,19	*g*

[1]) Teil I s. [1].
S. a. *Teichmann, R.*: Untersuchungen zur Initiierung der Pfropfpolymerisation auf Cellulose. Dissertation Universität Jena 1970.

2.1. Homopolymerisatanteil

Im Teil I dieses Beitrages wurde die Entfernung des Homopolyacrylnitrils durch gründliches Auswaschen bei intensiver mechanischer Behandlung des Fasermaterials begründet [1]. Um ein solches Vorgehen zu rechtfertigen, erfolgte an einigen ausgewählten Proben eine Bestimmung des dabei im Copolymeren verbliebenen Homopolymerisatanteils durch Extraktion mit Dimethylformamid.

Die in Tabelle 1 angeführten Werte sind Bestätigung einerseits für die weitgehende Entfernung des ungebundenen Polyacrylnitrils durch intensive mechanische Behandlung des modifizierten Faserstoffs im Falle des Arbeitens in wäßriger Phase (w) und andererseits für die geringe Homopolymerisation im Falle des Arbeitens in der Gasphase (g) bei Pfropfpolymerisationen von Acrylnitril auf Cellulose nach der Mangan(IV)-Methode.

2.2. Länge und Anzahl der gepfropften Seitenketten

Länge und Anzahl der gepfropften Seitenketten sind von den Pfropfbedingungen abhängig [4, 5, 6]. Zwecks Ermittlung der Kettenlänge des Pfropfanteils muß zunächst die Cellulose vollständig abgebaut und entfernt werden, ohne daß gleichzeitig eine Veränderung des Polyacrylnitrils (teilweise oder vollständige Verseifung; Abbau) erfolgt. Wir bedienten uns dazu der kombinierten Acetolyse/Hydrolyse-Methode [7]. Vom auf diese Weise isolierten Polyacrylnitril kann anschließend viskosimetrisch der DP bestimmt werden. Die so ermittelten Prüfergebnisse zeigt Tabelle 2.

Zu Vergleichen seien noch einige von anderen Autoren veröffentlichte DP-Resultate für Polyacrylnitril als Pfropfkomponente nach oxydativer Initiierung genannt: *Livšic* [3] (Mangan(III) als Initiator) führt Werte zwischen 1200 und 3600 an, *Arthur jr.* u. Mitarb. [8] (Cer(IV) als Initiator) fanden einen DP von 1600 bis 1800 (Darstellung der Pfropfcopolymeren in wäßriger Phase).

Auf den Zusammenhang zwischen Kettenlänge und -anzahl einerseits sowie Pfropfausbeute andererseits wurde schon im Teil I [1] hingewiesen; deshalb müssen die folgenden Diskussionen unter Berücksichtigung der dort gezeigten Bilder 1 bis 6 geführt werden. Da die für die Probe 1 angewandten Pfropfbedingungen annähernd als optimal einzuschätzen sind, stellen die dieser Probe zugehörigen Meßwerte Bezugswerte dar.

Im einzelnen möchten wir unsere Resultate wie folgt interpretieren (vgl. dazu ausführliche Angaben zur Versuchsdurchführung in [1]):

Eine Erhöhung der Konzentration des Permanganatbades führt zu einer Erhöhung der Mangan(IV)-Konzentration auf der Faser [1]. Die Proben 1, 2 und 3 zeigen somit das deutliche Absinken des DP mit steigender Initiatorkonzentration. Das legt den Schluß nahe, daß der Kettenabbruch zum Initiator in Beziehung steht (die erhöhte Bildung von Startpunkten mit steigender Initiatorkonzentration führt zu einer Erniedrigung des Monomerenangebotes pro Radikalstelle und damit zu schlechteren Bedingungen für das Ketten-

Tabelle 2. Cellulose/Polyacrylnitril-Pfropfcopolymere. Einfluß der Darstellungsbedingungen auf Pfropfausbeute sowie Länge und Anzahl der gepfropften Polyacrylnitril-Seitenketten (Reaktion in Gasphase nach der Mn(IV)-Methode)

Proben Nr.	Reaktionsbedingungen bzw. Veränderungen gegenüber Probe 1	Pfropfausbeute %	DP	Anzahl gepfropfter Ketten pro 1000 Glucoseeinheiten	mögliche Einflüsse (vgl. auch Abschn. 3.2)
1	Ca. 6 g Bw, Behandlg. 1 h in 200 ml Wasser mit 31,6 mg $KMnO_4$ bei 60 °C, 5 min in 200 ml H_2O mit 0,95 ml 65%iger HNO_3 bei 60 °C, 15 min Bedampfung mit Acrylnitril	70,9	3020	0,71	—
2	15,8 mg $KMnO_4$ in 200 ml H_2O	34,3	4000	0,26	Veränderung von Initiatorangebot, Radikalstellenanzahl u. Monomerenangebot pro Radikal; Kettenabbruch durch Initiatorionen
3	126,4 mg $KMnO_4$ in 200 ml H_2O	90,3	2300	1,20	
4	30 min Permanganatbehandlung	33,2	3750	0,27	wie bei den Proben 2 und 3; Weiteroxydation gebildeter Radikale
5	2 h Permanganatbehandlung	61,4	2700	0,70	
6	1 min Säurebehandlung	59,8	2950	0,62	Säurediffusion ins Fasermaterial; vorzeitiger Initiatorverbrauch
7	15 min Säurebehandlung	33,1	3820	0,265	
8	0,38 ml 65%ige HNO_3 in 200 ml H_2O	54,1	3680	0,45	Redoxpotential; vorzeitiger Initiatorverbrauch; unterschiedliche Oxydationsgeschwindigkeit
9	3,8 ml 65%ige HNO_3 in 200 ml H_2O	34,4	3510	0,30	
10	5 min Bedampfungsdauer	14,0	5360	0,08	Acrylnitrildiffusion in das Fasermat.; unterschiedl. Bedingungen für Kettenwachstum u. Abbruchreaktion in den einz. Zonen des Fasermaterials; Bildg. weiterer Radikale bei längerer Reaktionsdauer
11	45 min Bedampfungsdauer	79,0	3110	0,78	
12	Durchführg. aller Operat. bei 40 °C	28,2	4840	0,18	Unterschiede in Initiatorangebot und Radikalstellenanzahl; oxydative Desaktivierung der Cellulose in Abhängigk. von T
13	Durchführg. aller Operat. bei 80 °C	52,7	2950	0,55	

wachstum) bzw. von diesem sogar herbeigeführt wird. Für den Mangan(III)-Initiator existiert darüber folgende Vorstellung [3]:

$$\text{Cell}-(\text{CH}_2-\text{CHCN})_{n-1}-\text{CH}_2-\dot{\text{C}}\text{HCN} + \text{Mn}^{3+}$$
$$\rightarrow \text{Cell}-(\text{CH}_2-\text{CHCN})_{n-1}-\text{CH}=\text{CHCN} + \text{Mn}^{2+} + \text{H}^+.$$

Bei der Mangan(IV)-Methode kämen als Kettenabbrecher sowohl Mn^{4+} als auch Mn^{3+} in Frage. Da aber sicherlich das Mangan(IV) direkt an die Cellulose gebunden ist [2], also kaum als wanderfähiges freies Ion vorliegt, so sollte auch bei dieser Methode hauptsächlich Mn^{3+} entsprechend obiger Formulierung als Kettenabbrecher wirksam sein.

Wie aus den in der Tabelle gezeigten Werten weiterhin ersichtlich ist, besteht ein Zusammenhang zwischen der Erhöhung der Initiatorkonzentration und der Erhöhung der Kettenanzahl. Dies ist leicht erklärlich, weil größere Mangan(IV)-Mengen mehr Startpunkte auf der Cellulose bilden können. Dabei werden zunächst mit zunehmendem Gehalt an Oxydationsmittel noch Massegewinne durch die steigende Zahl der Seitenketten erzielt, während der durch die verringerte Kettenlänge hervorgerufene Einfluß nicht merklich ins Gewicht fällt (Probe 3). Nach Überschreiten einer bestimmten Initiatorkonzentration (vgl. Bild 1 im Teil I [1]; Maximum der Kurve) wird jedoch letzterer Einfluß gegenüber ersterem bestimmend, zumal nun auch günstige Bedingungen für eine rasche Weiteroxydation der primär gebildeten Makroradikale herrschen, d. h. eine größere Anzahl bereits vorliegender Startpunkte verlustig gehen dürfte [6]; man beobachtet eine Abnahme der Menge des aufgepfropften Polymeren.

Ähnliche Verhältnisse ergeben sich bei der Variation der Behandlungsdauer mit Permanganat (Proben 1, 4 und 5), die letzten Endes ebenfalls zu unterschiedlichen Initiatorkonzentrationen auf dem Rückgratpolymeren führt; daher weisen auch die Kurven der Bilder 1 und 2 (siehe auch Bild 3) im Teil I dieses Beitrages [1] eine gewisse Ähnlichkeit auf. Wie man sieht, verringert sich wieder der DP mit längerer Behandlungsdauer, also größerer Oxydationsmittelkonzentration. Dies hat im Verein mit der oben erwähnten beschleunigten oxydativen Desaktivierung des radikaltragenden Rückgratpolymeren in Gegenwart größerer Initiatormengen, wodurch vermutlich die Kettenanzahl bei den Proben 1 und 5 nahezu konstant bleibt, einen Abfall der Pfropfausbeute zur Folge.

Die Prüfergebnisse der Proben 1, 6 und 7 drücken die Abhängigkeit von der Dauer der Säureeinwirkung aus. Während nach 1 min Einwirkungsdauer das Maximum der Pfropfausbeute offensichtlich noch nicht erreicht ist, sinkt A nach 15 min Säureeinwirkung stark ab (siehe auch Bild 5 in [1]). Im ersteren Fall werden vom Fasermaterial — insbesondere im Innern — sicherlich weniger Protonen als bei Probe 1 aufgenommen, so daß auch weniger Kettenstarts erfolgen sollten, die Kettenlänge jedoch kaum beeinflußt werden dürfte. Im zweiten Fall wird wahrscheinlich ein merklicher Initiatoranteil bereits im Säurebad nutzlos verbraucht, so daß die Kettenanzahl gegenüber Probe 1 und Probe 6 deutlich absinken sollte, die Kettenlänge aber wegen des Initiatorverlustes, der mit einer geringeren Wahrscheinlichkeit vorzeitigen Kettenabbruchs einhergeht, zunehmen dürfte. Aus Tabelle 2 wird die Richtigkeit dieser Vermutung ersichtlich.

Da die die Abhängigkeit vom pH-Wert des Säurebades demonstrierende Kurve in Bild 4 [1] eine gewisse Ähnlichkeit mit dem in Bild 5 [1] gezeigten Kurvenverlauf aufweist, kann man annehmen, daß Dauer der Säurebehandlung und Säurekonzentration gleichsinnig wirken. Vergleicht man dahingehend die entsprechenden Werte in Tabelle 2, so ist festzustellen, daß in etwa dieser Zusammenhang in den Meßergebnissen der Proben 7 bzw. 9, also für den Fall des intensiveren Säureeinflusses, zum Ausdruck kommt. Dagegen ergeben sich bei Gegenüberstellung der Ergebnisse der Proben 6 bzw. 8 deutliche Unterschiede in Kettenlänge und -anzahl (nicht jedoch in der Pfropfausbeute). Vielleicht kann dies damit erklärt werden, daß zwar bei Probe 8 entgegen den bei Probe 6 herrschenden Verhältnissen während des Bedampfungsprozesses auch im Innern des Fasermaterials Wasserstoffionen vorliegen, jedoch das von der Wasserstoffionenkonzentration abhängige Redoxpotential des Vorganges Mn(IV) → Mn(II) mit seinen Auswirkungen auf das gesamte Redoxsystem Mn(IV) → Mn(III) und Mn(III) → Mn(II) nicht an allen Stellen der Fasersubstanz die für die Radikalerzeugung offenbar erforderliche Höhe [9] erreicht. Dadurch sinkt die Zahl der Kettenstarts. Gleichzeitig ist die Möglichkeit zum Kettenabbruch durch Mangan(III)-Ionen auf Grund der geringeren Oxydationsgeschwindigkeit des Mangan(IV) im schwach sauren Medium eingeschränkt, wodurch relativ lange Seitenketten wachsen.

Interessant sind die in Abhängigkeit von der Bedampfungsdauer gemessenen Werte (Proben 1, 10 und 11). Die Pfropfausbeuten bestätigen den in Bild 6 [1] dargestellten Kurvenverlauf. Bei kurzer Dauer der Bedampfung wurden, wie ersichtlich, die längsten Seitenketten, allerdings in sehr geringer Zahl, erhalten. Letzterer Umstand dürfte damit erklärbar sein, daß die Diffusion des Acrylnitrils in die Faserprobe Zeit erfordert. Es werden daher während der Anfangsperiode der Bedampfung nur Radikalstellen, die sich an der Oberfläche befinden, die Polymerisation auslösen. Da an der Oberfläche aber jederzeit ein großer Überschuß an Monomerem vorliegt und da zu Beginn der Reaktion die verfügbare Menge an den Kettenabbruch bewirkenden Mangan(III)-Ionen gering ist, sind optimale Bedingungen für das Kettenwachstum gegeben. Bei längeren Bedampfungsdauern (Proben 1 und 11) dürften mit dem Acrylnitril auch Mn^{3+} nach innen diffundieren, so daß nun hauptsächlich kürzerkettige Fraktionen entstehen können. Erst wenn der Initiator fast aufgebraucht ist, ist nochmals mit längerkettigen Pfropfanteilen zu rechnen; dadurch muß der DP eine leichte Erhöhung erfahren (Probe 11). Die größte Pfropfausbeute bei der Probe mit der längsten Bedampfungsdauer rührt jedoch überwiegend von der Bildung weiterer Ketten während der zusätzlichen Bedampfungszeit her, wie aus Tabelle 2 hervorgeht.

Schließlich soll noch auf die Abhängigkeit von der Temperatur der Behandlungsbäder eingegangen werden. Bereits oben erfolgte der Hinweis auf eine gewisse Ähnlichkeit der im Teil I dieses Beitrages [1] gezeigten

Bilder 1, 2 und 3. Ursache dafür sind sicherlich Ähnlichkeiten in der Initiatorkonzentration. Bei Probe 12 muß man einen relativ geringen Mangan(IV)-Gehalt auf der Cellulose annehmen, d. h. die Ketten konnten lang werden, ihre Zahl war allerdings wegen der geringeren Radikalerzeugung klein. Etwas unerwartet muten dagegen zunächst die Resultate für Probe 13 an, weil man nach Durchführung der Permanganatbehandlung bei 80°C einen größeren Initiatorgehalt als bei 60°C erwarten sollte und deshalb ein Vergleich mit den Proben 3 und 5 angebracht erschien. Da bei diesem Versuch jedoch auch die Säureeinwirkung bei 80°C erfolgte, wird möglicherweise schon im Säurebad ein bestimmter zusätzlicher Initiatoranteil nutzlos verbraucht, so daß letztlich die Verhältnisse eher denen der Probe 1 ähneln dürften. Für die geringere Kettenanzahl kann man vielleicht die sicherlich bei 80°C raschere Weiteroxydation gebildeter Celluloseradikale verantwortlich machen.

2.3. Ort der Verknüpfung zwischen den Polyacrylnitril-Seitenketten und dem Celluloseskelett

Um zu Hinweisen über den Ort der Verknüpfung zwischen den Polyacrylnitril-Seitenketten und dem Celluloseskelett zu gelangen, muß davon ausgegangen werden, daß bei den für die mangan(IV)-initiierte Pfropfreaktion von Acrylnitril auf Baumwollcellulose gängigen Initiatorkonzentrationen die aus dem Mangangehalt der zu pfropfenden Faserprobe berechenbare Anzahl oxydierbarer funktioneller Gruppen der Cellulose mit der durch die Kettenanzahl der Pfropfkomponente bekannten Radikalstellenanzahl in der Größenordnung übereinstimmt.

Beispielsweise wurde im Falle der unter [10] angeführten Durchführungsvorschrift (entspricht Probe 1, Tabelle 2) ein Mangangehalt (wird hierbei ausschließlich als Mangan(IV) betrachtet; vgl. [2]) von 0,035% ermittelt. Dies bedeutet, daß ein Atom Mangan für 975 Glucoseeinheiten zur Verfügung steht. Da dem Mangan(IV) eine Oxydationskraft entsprechend zwei Einelektronenübergängen zugeschrieben werden muß, kann schon bei etwa jeder 500. Glucoseeinheit eine funktionelle Gruppe angegriffen werden. Allerdings ist zu berücksichtigen, daß ein Teil der Oxydationswirkung des Initiators durch die Kettenabbruchreaktion (s. o.) und für oxydative Spaltungen glucosidischer Bindungen der Cellulose [2] gebunden wird, so daß sich die angegebene Zahl wieder etwas erhöhen dürfte. Stellt man weiterhin in Rechnung, daß bei der untersuchten Probe während des Pfropfprozesses nicht aller Initiator aufgebraucht wurde [1, 10], so zeigt der Vergleich mit der ermittelten Anzahl von ca. 1400 Glucoseeinheiten pro Polyacrylnitrilkette, daß der Großteil des Oxydationsmittels initiierwirksam war.

Dieser Befund erlaubt, stellvertretend für die Radikalerzeugung die Oxydationsvorgänge an der Cellulose zu verfolgen. Dazu berichteten wir erst kürzlich [11], daß von Mangan(IV) vorzugsweise die Hydroxygruppe am C-Atom 2 in den Glucoseeinheiten angegriffen wird.

Ein solches Ergebnis steht im Einklang mit den bisherigen Erfahrungen, wonach sich bei einer Vielzahl von Umsetzungen an der Cellulose die OH-Gruppe am C-Atom 6 infolge Beanspruchung zur Ausbildung von Wasserstoffbrückenbindungen und die OH-Gruppe am C-Atom 3 aus sterischen Gründen nicht durch eine gleiche Reaktionsfreudigkeit wie die in Stellung 2 auszeichnen [12, 13, 14].

Ähnliche Resultate teilen andere Autoren von Untersuchungen zum Initiierungsmechanismus der Pfropfpolymerisation auf Cellulose mit. So konnten *Livšic* u. Mitarb. [15] durch partielle Methylierung, bei der zwar die sekundären, aber keine primären Hydroxygruppen blockiert wurden, Cellulosederivate herstellen, die mit Cer(IV) nicht mehr pfropfbar waren. Über eine bevorzugte Oxydation der OH-Gruppe am C-Atom 2 durch Cer(IV) berichteten auch *Kulkarni* u. *Mehta* [16]. *Schurz* und *Rebek* [9] sowie *Arthur jr.* und *Demint* [17] schließlich zogen das IR-Spektrum heran und schlossen aus verminderten Bandenintensitäten zwischen 1310 und 1370 cm^{-1} (Deformationsschwingungen sekundärer Hydroxygruppen) auf Angriff an den OH-Gruppen der C-Atome 2 und/oder 3. Letzteren Nachweis führten auch wir an unseren Pfropfprodukten [10], möchten aber die entsprechende Interpretation mit Zurückhaltung gebrauchen, da die IR-Spektroskopie zwar eine spezifische, aber nicht sonderlich empfindliche Analysenmethode ist und die Intensitätsminderung dieser Deformationsschwingungsbanden auch eine Folge der Einlagerung der Seitenketten sein könnte.

Daß die Radikalbildung am Celluloseskelett offenbar mit den drei zur Verfügung stehenden Hydroxygruppen der Glucoseeinheit in Zusammenhang steht, zeigten Versuche mit Triacetatfaserstoff, wobei mit Hilfe des Mangan(IV)-Initiators unter vergleichbaren Reaktionsbedingungen keine nennenswerten Pfropfausbeuten resultierten. (Als Angriffspunkte kommen hier nur — sieht man von einer möglichen Umsetzung am Ring-Sauerstoffatom ab — die im Verlaufe der Initiierungsreaktion durch Kettenspaltungen entstandenen endständigen Gruppierungen in Frage.) Zwar bestehen beim Triacetat infolge seines hydrophoben Charakters ungleich schlechtere Angriffsmöglichkeiten als bei Baumwollcellulose; immerhin dürfte aber dieser Befund eine ausschließliche Verknüpfung der Polyacrylnitrilketten mit endständigen Funktionen der Celluloseketten, also das Entstehen reiner Blockcopolymerer, unwahrscheinlich machen.

Vielmehr deutet alles darauf hin, daß die gepfropften Seitenketten bevorzugt in Stellung 2 der Glucoseeinheiten gebunden werden, so daß man in erster Linie die Bildung echter Pfropfcopolymerer annehmen darf.

3. Struktur der Pfropfcopolymeren

Eine ausführliche Charakterisierung von Produkten der Pfropfpolymerisation erfordert neben Kenntnissen über molekulare Zusammenhänge auch solche, die aus Untersuchungen zur übermolekularen Struktur hervorgehen. Beispielsweise stellt die Verteilung der gepfropften Komponente im Faserquerschnitt der Baumwollcellulose einen wichtigen Kennwert dar, der maßgeblich die textilphysikalischen Fasereigenschaften bestimmt [3]. Aus ähnlichen Gründen sind Aussagen über Veränderungen des ursprünglichen Fasergefüges durch die Pfropfung und über die Art der Einlagerung der gepfropften Seitenketten von Interesse.

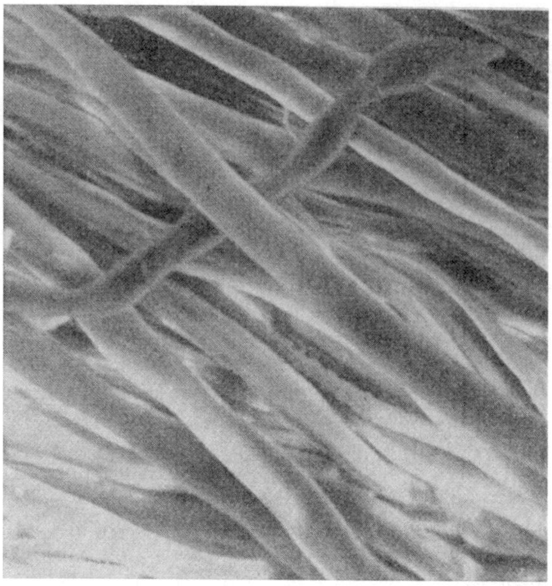

Bild 1. STEREOSCAN-Aufnahme von unbehandelter Baumwolle

Bild 2a

Bild 2b

Bild 2a u. b. STEREOSCAN-Aufnahmen von mit Acrylnitril nach der Mangan(IV)-Methode in der Gasphase pfropfpolymerisierter Baumwolle (105,4% Pfropfausbeute); Vergrößerung wie in Bild 1

Für die entsprechenden Prüfungen kamen ebenfalls wieder ausschließlich nach der Gasphasen-Technik synthetisierte Copolymere zur Anwendung.

3.1. Beeinflussung des Fasergefüges der Baumwolle durch die Pfropfung

Sehr anschaulich für eine Beurteilung der Veränderung der Faserstruktur des Rückgratpolymeren sind STEREOSCAN-Aufnahmen. Das Raster-Aufstrahlungs-Elektronenmikroskop „STEREOSCAN" besticht besonders durch die Abbildungstiefe und die reale Wiedergabe des Originalobjektes gegenüber den konventionellen Elektronenmikroskopen.

Die Bilder 1 und 2 zeigen die Gegenüberstellung zwischen einer ungepfropften und einer gepfropften Faserprobe ($A = 105{,}4\%$).

Wie man sieht, erfährt die gepfropfte Faser im Vergleich zur Ausgangsfaser eine bedeutende Volumenvergrößerung, wobei sich offensichtlich das Fasergefüge auflockert. Da die Faseroberfläche im wesentlichen ihre glatte Beschaffenheit beibehält, ist es sehr wahrscheinlich, daß sich die Pfropfpolymerisation auch im Faserinneren abgespielt hat. Die bei der gepfropften Probe auf der Oberfläche sichtbaren Ablagerungen dürften geringe Mengen Homopolyacrylnitril sein (vgl. 2.1), das bei Gasphasen-Reaktionen infolge des Überangebotes an Monomerem in den äußeren Zonen insbesondere dort gebildet werden kann.

Zur Beweisführung für eine Strukturauflockerung des gepfropften Cellulosefaserstoffs werden in der Literatur [3, 18] auch Dichte-Bestimmungen herangezogen, indem ein Vergleich der berechenbaren mit den gemessenen Werten erfolgt. Wir haben diese Verfahrensweise bei unseren eigenen Meßergebnissen angewandt und kamen dabei zu ähnlichen Resultaten, verzichten aber wegen einiger grundsätzlicher Bedenken hinsichtlich Dichteermittlungen bei Faserstoffen auf eine solche Diskussion.

3.2. Verteilung des Pfropfanteils im Rückgratpolymeren

Die Pfropfpolymerisation wird hauptsächlich an den Stellen des Rückgratpolymeren ausgelöst werden, an denen der Initiator vorliegt [19]. Es sollte also eine direkte Beziehung zwischen dem Initiatorgehalt des zu modifizierenden Faserstoffs und den Pfropfausbeuten zu erwarten sein.

Einer solchen Annahme steht jedoch folgender Versuchsbefund entgegen: Bei den für die Pfropfausbeuten 138 bzw. 130% verantwortlichen Reaktionsbedingungen, wie sie in den Bildern 1 und 2 im Teil I

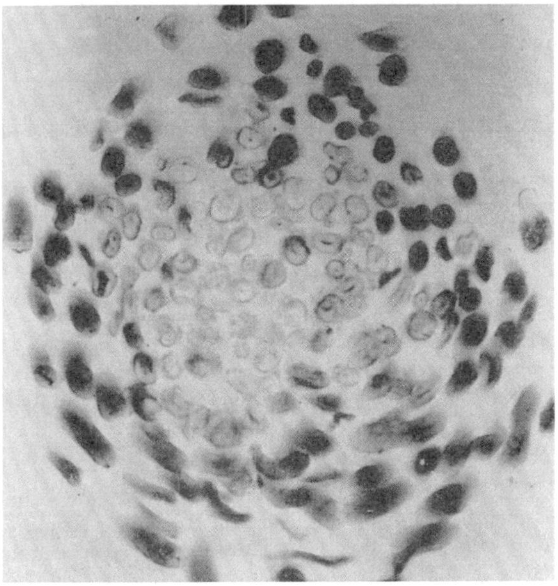

Bild 3. Mangan(IV)-haltiger Fadenquerschnitt von Baumwolle mit ungleichmäßiger Initiatorverteilung

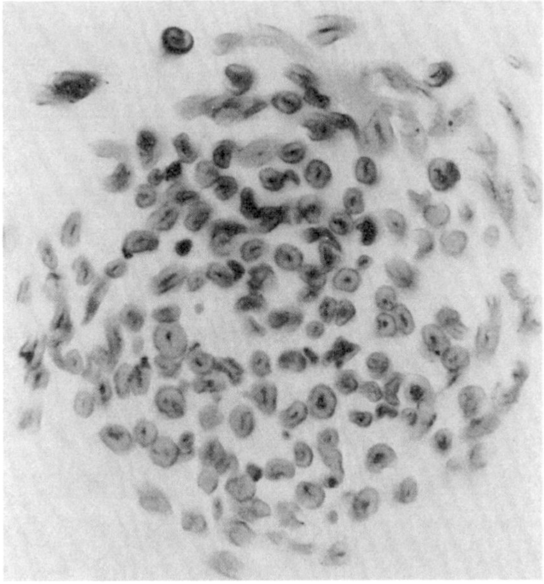

Bild 4. Mangan(IV)-haltiger Fadenquerschnitt von Baumwolle mit gleichmäßiger Initiatorverteilung

[1] mitgeteilt werden, lösten 0,26 bzw. 0,125% Mn die Pfropfreaktion aus. Das heißt, für annähernd gleiche Pfropfausbeuten fungierten ziemlich verschiedene Initiatormengen. Dieser Umstand dürfte unter Berücksichtigung der unter 2.2 angeführten Ergebnisse nur mit einer ungleichmäßigen Verteilung des Mangan(IV) über den Fadenquerschnitt zu erklären sein, was schließlich auch durch lichtmikroskopische Untersuchungen bestätigt werden konnte. Mangan(IV) ist wegen seiner braunen Farbe für derartige Versuche geeignet. Liegt es in der Faser genügend konzentriert vor, sind die braun angefärbten Querschnitte im mikroskopischen Bild ausgezeichnet zu erkennen.

Als Untersuchungsobjekte dienten zwei sehr unterschiedlich mit Permanganatlösung behandelte Baumwollproben (Bilder 3 und 4). Prüfresultat ist der Befund, daß Cellulose offensichtlich sehr rasch mit dem Mangan(VII) reagiert, so daß bei ungünstigen Versuchsbedingungen (bei der in Bild 3 gezeigten Probe z. B.: Behandlung von 2 g Bw 15 min lang bei 60 °C mit 732 mg $KMnO_4$ in 200 ml H_2O) nur die äußere Zone des Fadens mit Initiator behaftet zu sein braucht oder zumindest die im Innern gelegenen Fasern weniger Mangan(IV) enthalten.

Auf die Auswirkungen dieses Umstandes in bezug auf unterschiedliche Pfropfausbeuten und Polyacrylnitril-Kettenlängen in den einzelnen Regionen des Fadenquerschnitts soll hier nur hingewiesen werden. Um die Diskussion nicht zu komplizieren, wurden sie allerdings bei 2.2 unbeachtet gelassen.

Denkbar sind natürlich auch Schwankungen in den Initiatorkonzentrationen schon über den *Faser*querschnitt. Wir haben daher für die im folgenden beschriebenen Untersuchungen im wesentlichen Pfropfprodukte eingesetzt, deren Synthese unter für die vorliegende Problematik günstigeren Versuchsbedingungen (bei der in Bild 4 gezeigten Probe z. B.: Behandlung von 2 g Bw 3 h lang bei 60 °C mit 158 mg $KMnO_4$ in 200 ml H_2O) erfolgt war, d. h. bei denen eine gleichmäßige Mangan(IV)-Verteilung erwartet werden durfte.

Als geeignete Methoden zur Beurteilung der Verteilung des gepfropften Polyacrylnitrils im Querschnitt des Cellulosefaserstoffs erwiesen sich zwei Verfahrensweisen, die zur gleichen Zeit auch von *Voigtländer* [20] erfolgreich getestet wurden.

Zunächst unterzogen wir Faserquerschnitte von mit Malachitgrün gefärbten Pfropfprodukten einer lichtmikroskopischen Betrachtung. Basische Farbstoffe, wie Malachitgrün, ziehen nicht auf Cellulose auf. Sie zeigen jedoch eine natürliche Affinität zu Polyacrylnitril, die durch den anionischen Charakter des letzteren

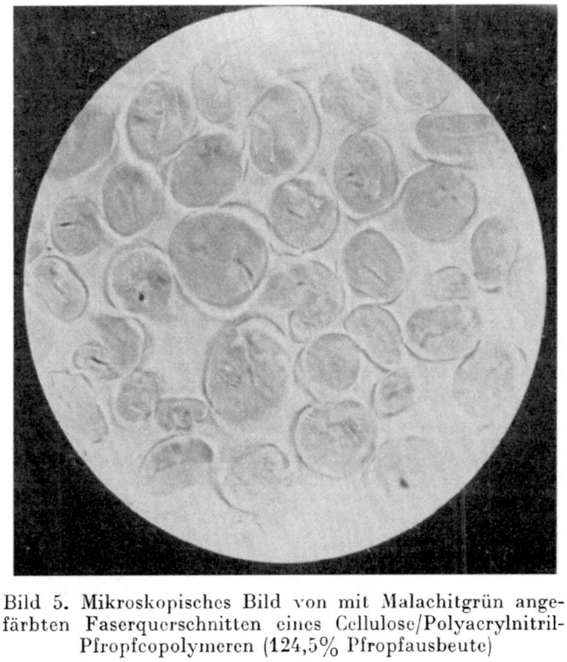

Bild 5. Mikroskopisches Bild von mit Malachitgrün angefärbten Faserquerschnitten eines Cellulose/Polyacrylnitril-Pfropfcopolymeren (124,5% Pfropfausbeute)

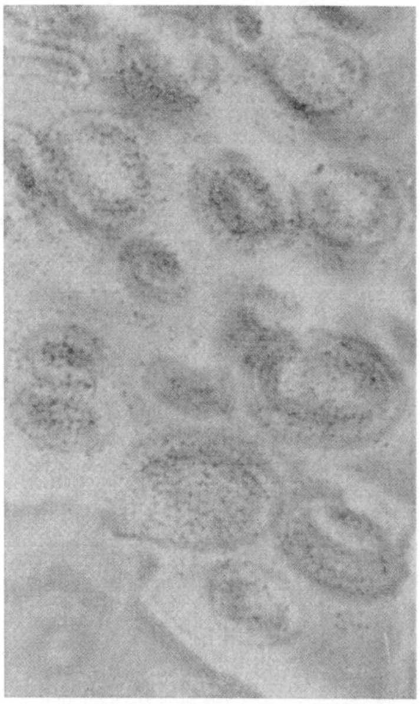

Bild 6

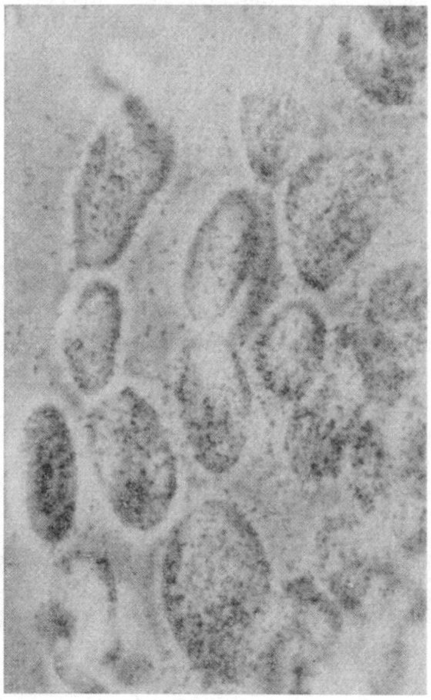

Bild 7

Bild 6 und 7. Autoradiographie — Mikroskopische Bilder von Faserquerschnitten eines Cellulose/(^{14}C)Polyacrylnitril-Pfropfcopolymeren (spezifische Aktivität: 58,5 μCi/g, Expositionszeit: 51 Tage)

bedingt ist. Die aus Bild 5 erkennbare gleichmäßige (Grün-)Färbung der Faserquerschnitte macht deutlich, daß die Pfropfpolymerisation sowohl im Fasermantel als auch im -kern erfolgte.

Parallel hierzu wurden Prüfungen mit Hilfe der Autoradiographie vorgenommen. Diese Methode arbeitet derart, daß von einer mit ^{14}C-markiertem Acrylnitril pfropfpolymerisierten Baumwollprobe Faserquerschnitte hergestellt werden, die man anschließend mit einer geeigneten photographischen Schicht in Kontakt bringt. Dort werden die von dem radioaktiven Prüfling ausgehenden Zerfälle registriert. Nach der Fertigstellung der Mikroaufnahmen lassen sich aus der Kornverteilung Rückschlüsse über die Verteilung der radioaktiven Substanz, also der Pfropfkomponente, über den Querschnitt der Fasern ziehen.

Wenn auch die exakte Auswertung der photographischen Aufnahmen wegen einiger ungünstiger Faktoren (^{14}C-Strahlung streut; einwandfreie Schnittherstellung bei Ultradünnschnitten problematisch; radioaktive Substanz verschmiert leicht beim Schneiden) Schwierigkeiten bereitet, dürfte doch schon allein durch rein visuelle Betrachtung die Annahme einer durchgehenden Verteilung des Polyacrylnitrils im vorgelegten Cellulosefaserstoff gerechtfertigt sein (Bilder 6 und 7).

Beide Methoden erscheinen jedoch nicht empfindlich genug, um kleinere Schwankungen der Mangan(IV)-Konzentration über den Faserquerschnitt zu erfassen.

3.3. *Einlagerung der gepfropften Ketten*

Von *Rogovin*, *Livšic* u. Mitarb. [3, 18] wird auf Grund IR-dichroitischer Untersuchungen betont, daß sich die aufgepfropften Polyacrylnitrilketten unter dem Einfluß der „Cellulosematrize“ orientieren lassen. Zu den gleichen Erkenntnissen gelangte auch *Toda* [21] durch röntgenographische Untersuchungen.

Stellt man sich unter diesem Blickwinkel die bei der mangan(IV)-initiierten Gasphasen-Pfropfung ablaufenden Vorgänge [1] vor, so sollte sich folgendes Bild ergeben: Primär kommt es durch die Einwirkung der wäßrigen Permanganatlösung zur Quellung der Baumwolle unter Sprengung der Wasserstoffbrücken und Auflockerung der lateralen Ordnung. Hierbei werden zahlreiche Hohlräume, zunächst noch mit Wasser angefüllt, gebildet, in die im Zuge des sich anschließenden Pfropfprozesses die Seitenketten hineinwachsen und dabei die aufgeweitete Faserstruktur im wesentlichen fixieren. Infolge der besseren Zugänglichkeit der amorphen Faserbereiche der Cellulose wird es sich zunächst um eine intermicellare Reaktion handeln. Das bedeutet, daß die bei Pfropfprodukten mit geringem Gehalt an Pfropfkomponente noch nicht so zahlreich gewachsenen Seitenketten (siehe Tabelle 2) vorerst nur die zwischenmicellaren Räume einnehmen werden, aus Platzgründen allerdings sofort eine gewisse geordnete Einlagerung vonstatten gehen sollte. Trotzdem dürfte der Ordnungsgrad des Copolymeren gegenüber dem Reinpolymeren Cellulose insgesamt abnehmen, da keine regelmäßige räumliche Anordnung der Seitenketten vorliegt. Zudem ist anfangs eine stetig sich erhöhende Zunahme der inneren Faseroberfläche zu erwarten. Allmählich, je mehr Polyacrylnitrilketten gebildet worden sind und auch je länger diese sind, d. h. je höher die Pfropfausbeuten ansteigen, kommt es zur vollständigen Ausfüllung der Hohlräume in den leicht zugänglichen, amorphen Bereichen der Cellulosefaser. Die wachsenden Seitenketten sind in diesem Stadium gezwungen, sich stark gegeneinander auszurichten; es resultiert eine beträchtliche Zunahme der Packungsdichte. Folglich müßte nach Überschreiten einer bestimmten Höhe von *A* die laterale Ordnung der modifizierten Faser wieder steigen, zumal nun die Pfropfreaktion sukzessive einen intramicellaren Reaktionsverlauf annimmt, also sich bereits an den Kristallitoberflächen der Cellulose bzw. schon vereinzelt in den Kristalliten selbst abspielen wird, so daß die Struktur des Copolymeren eine größere chemische und geometrische Regelmäßigkeit aufweisen kann. Da im Falle sehr hoher Pfropfausbeuten die hier vermehrt gebildeten Seitenketten zur Zerstörung von Cellulosekristalliten [3], d. h. geordneter Bereiche, führen, dürfte jetzt jedoch das weitere Ansteigen des Ordnungsgrades vom Copolymeren als Folge seiner relativen strukturellen Regelmäßigkeit und beträchtlichen Packungsdichte in abgeschwächter Form verlaufen.

Diese Überlegungen konnten experimentell durch die Überprüfung der Jodsorption (Bild 8) bestätigt werden. (Ein ähnliches Ergebnis erhielten auch *Rogovin* u. Mitarb. [18] mit der gleichen Untersuchung bei Viskose/Polyacrylnitril-Pfropfcopolymeren (A bis 100%)).

Danach erhöhen sich — bis zu einer Pfropfausbeute von ca. 55% — die Adsorptionszahlen erheblich. Dies erklärt sich durch die beträchtliche Zunahme der inneren Faseroberfläche bei noch lockerer Einlagerung des gepfropften Polyacrylnitrils vornehmlich in den amorphen Bereichen der Cellulosefaser. Weiter steigende Pfropfausbeuten bedingen im Verein mit vermehrt wachsenden Seitenketten ein starkes gegenseitiges Ausrichten dieser Ketten, was eine hohe Packungsdichte zur Folge hat. Gleichzeitig ist eine größere strukturelle Regelmäßigkeit des Copolymeren zu erwarten, da die Reaktion nicht nur auf die amorphen Faserbereiche beschränkt bleibt. Die Adsorptionszahlen fallen wieder. Bei etwa 110% Pfropfausbeute durchläuft die fallende Kurve wegen der nun beginnenden Zerstörung von Cellulosekristalliten einen Wendepunkt.

Geht man davon aus, daß eine große laterale Ordnung zumeist mit einem hohen Orientierungsgrad verbunden ist, so können die beschriebenen Versuchsergebnisse als Untermauerung für die oben zitierten Literaturhinweise betrachtet werden.

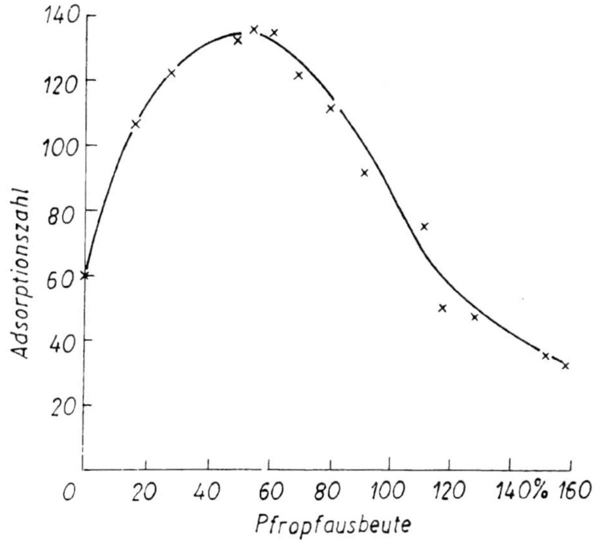

Bild 8. Jodsorption verschiedener Cellulose/Polyacrylnitril-Pfropfcopolymerer in Abhängigkeit von der Pfropfausbeute

4. *Zusammenfassung*

Da Art und Ablauf der die Pfropfpolymerisation von Acrylnitril auf Cellulose auslösenden Initiierungsreaktion sowohl die Zusammensetzung als auch die Struktur der Pfropfprodukte beeinflussen, erfolgten einige analytische Untersuchungen an mit dem Mangan(IV)-Initiator nach der Gasphasen-Technik hergestellten Cellulose/Polyacrylnitril-Pfropfcopolymeren.

Hierbei zeigte sich, daß solche Pfropfpolymere nur sehr wenig Homopolyacrylnitril enthalten und daß sich die Länge und Anzahl der gepfropften Seitenketten, die wahrscheinlich in Stellung 2 der Glucoseeinheiten an das Celluloserückgrat gebunden sind, durch die Reaktionsbedingungen beim Pfropfprozeß beeinflussen lassen. Bei einigen ausgewählten Proben wurden DP-Werte zwischen 2300 und 5400 gemessen. Durch die Pfropfung kommt es zu einer beträchtlichen Strukturaufweitung des vorgelegten Cellulosefaserstoffs. Der unter Anwendung der üblichen Versuchsbedingungen erhaltene Pfropfanteil findet sich sowohl im Fasermantel als auch -kern. Die laterale Ordnung des Copolymeren nimmt bei Pfropfprodukten mit Pfropfausbeuten bis ca. 55% zunächst ab, dann wieder zu.

5. *Experimentelles*

5.1. Bestimmung des Homopolyacrylnitrils: Das beim Pfropfprozeß resultierende Reaktionsprodukt wird mit einer ausreichenden Menge ($FV = 1:40$) Dimethylformamid bei 100 °C extrahiert. Nach 3 h erneuert man das Extraktionsmittel und behandelt die Probe weitere 2 h. Dann wird intensiv mit fließendem Wasser gewaschen und bei 110 °C bis zur Massekonstanz getrocknet. Der Masseverlust durch die Extraktion gibt die Homopolymerisatmenge an.

5.2. Viskosimetrische DP-Bestimmung vom aus dem Pfropfcopolymeren nach [7] rein isolierten Polyacrylnitril (enthält noch die geringen Mengen Homopolyacrylnitril): Man löst 250 mg der im Vakuumexsikkator über konz. Schwefelsäure getrockneten Substanz unter Schütteln in 90 ml Dimethylformamid und Erhitzen auf dem Wasserbad. Nach Temperieren auf 20 °C wird auf 100 ml aufgefüllt. Falls notwendig, befreit man von geringen Verunreinigungen durch Abfiltrieren (u. U. mittels mehrerer G 4-Fritten, die vereinigten Filtrate mit einer G1-Fritte). Die Viskositätsmessung erfolgt mit dem *Ubbelohde*-Viskosimeter mit hängendem Kugelniveau. Die Meßtemperatur wird auf 20 °C ± 0,1 grd gehalten. Die Durchlaufzeit s der Lösung korrigiert man nach *Hagenbach* [22]. Folgende Formeln dienen zur Berechnung:

$$\eta_{\text{spez.}} = \frac{s}{s_0} - 1,$$

$$[\eta] = \frac{\sqrt{1 + 1{,}2 \cdot \eta_{\text{spez.}}} - 1}{0{,}6 \cdot c},$$

$$[\eta] = 0{,}392 \cdot 10^{-3} \cdot \overline{M}^{0{,}75}; \qquad \text{DP} = \frac{\overline{M}}{53}.$$

s = korrigierte Auslaufzeit der Lösung in Sekunden,
s_0 = korrigierte Auslaufzeit des Lösungsmittels in Sekunden (Blindwert),
c = Konzentration an Polyacrylnitril in g/100 ml.

Die Kettenanzahl errechnet sich nach

$$GZ = \frac{\overline{M} \cdot 1000}{162 \cdot A},$$

$$\text{Kettenanzahl pro 1000 Glucoseeinheiten} = \frac{1000}{GZ}.$$

5.3. Mangan-Bestimmung: Man verascht im Quarztiegel die initiatorhaltige Baumwollprobe, versetzt die Asche mit 5 ml Aufschlußsäure (50 g Ammoniumsulfat in 75 ml konz. Schwefelsäure) und raucht bis zum vollständigen Auflösen ab. Nach dem Erkalten wird mit etwa 50 ml dest. Wasser quantitativ in einen Titrierkolben gespült. Dann werden hintereinander weitere 50 ml dest. Wasser, 10 ml einer 0,5%igen Silbernitratlösung sowie ca. 1 g Ammoniumperoxidisulfat zugegeben.

Man hält nun 10 min bei 60 °C. Nach dem Abkühlen auf etwa 25 °C werden 7 ml einer 1,2%igen Natriumchloridlösung zugesetzt. Anschließend titriert man sofort mit $^n/_{100}$ Arsenigsäure bis zum Verschwinden der Rosafärbung.

5.4. Färbung des Pfropfproduktes mit Malachitgrün: 5 g Malachitgrün werden mit 0,8 ml Eisessig und dest. Wasser angeteigt, danach mit kochendem Wasser übergossen. Nach Zugabe von 3 g Natriumacetat füllt man auf 100 ml auf. 10 ml davon werden für 150 ml Färbeflotte entnommen, die auf einen pH-Wert von 4 bis 5 eingestellt wird. Darin hält man die Probe 2 h bei Kochtemperatur.

5.5. Autoradiographische Untersuchung: Für die in den Bildern 6 und 7 gezeigten Mikroaufnahmen gelten folgende Daten: Pfropfausbeute: 77,8%, spezifische Aktivität: 58,5 μCi/g; Einbettung einzelner Fäden im feuchten Zustand in Methylmethacrylat/Butylmethacrylat (3:2), Härtung 2 bis 3 Tage bei 50 °C; Herstellung der Faserschnitte auf dem *PORTER BLUM* Mikrotom (Ultramikrotom, USA), Schnittstärke: 5000 Å; Übertragung der Schnitte auf eine mit Wasser genetzte Agfa-Aufziehscheibe (Objektträger mit einer Oberflächenpräparation von Chromalaun-Gelatine), nach kurzem Antrocknen Aufbringen der Emulsion AR 10 Strippingfilm;
Expositionszeit: 51 Tage.

5.6. Jodsorption: Die Bestimmung erfolgte nach der von *Schwertassek* [23] angegebenen Arbeitsvorschrift.

Frau *U. Sontag*, Karl-Marx-Stadt (Lichtmikroskopie), Herr Dr. *F. Zimmer*, Dresden (STEREOSCAN-Elektronenmikroskopie) und Herr Dr. *S. Bleecken*, Jena (Autoradiographie) führten freundlicherweise diese speziellen Untersuchungen durch, wofür ihnen gedankt sei.

Literatur

[1] *Uhlig, E.*, und *Teichmann, R.*: Pfropfpolymerisation auf Cellulose nach der Mangan(IV)-Methode. I. Synthese der Pfropfprodukte. Faserforsch. u. Textiltechnik **22** (1971) 12, S. 610–617.

[2] *Uhlig, E.*, und *Teichmann, R.*: Über die Initiierung der Pfropfpolymerisation von Acrylnitril auf Cellulose durch Mangan(IV). Faserforsch. u. Textiltechnik **20** (1969) 9, S. 451.

[3] *Livšic, R. M.*: Vortrag anläßlich des 3. Wissenschaftlichen Kongresses zur Leipziger Messe. Leipzig, März 1967.

[4] *Livšic, R. M., Levites, L. M.*, und *Rogovin, Z. A.*: Synthese von Pfropfcopolymeren modifizierter Cellulose unter Verwendung von Verbindungen des fünfwertigen Vanadins. III. Einfluß der Initiierungsbedingungen auf den Polymerisationsgrad und die Zahl der aufgepfropften Ketten. Vysokomol. Soed. (Hochmol. Verbind.) **6** (1964) 9, S. 1624–1628.

[5] *Gulina, A. A., Livšic, R. M.*, und *Rogovin, Z. A.*: Synthese von Pfropfcopolymeren der Cellulose mit Polyacrylnitril am Redoxsystem Cellulose-Fe^{2+}-H_2O_2. II. Untersuchung des Einflusses der Initiierungsbedingungen auf den DP des Polyacrylnitrils und den Umsatzgrad der Cellulose. Vysokomol. Soed. (Hochmol. Verbind.) **7** (1965) 9, S. 1529–1534.

[6] *Tugova, L. I., Rutickaja, O. I., Livšic, R. M.*, und *Rogovin, Z. A.*: Zum Einfluß der Initiierungsbedingungen auf den Polymerisationsgrad und die Anzahl der auf Cellulose gepfropften Polymethacrylsäureketten. Chim. Volokna (Chem. Fasern) (1967) 6, S. 19–21; dt. in: Sowj. Beitr. Faserforsch. Textiltechnik **5** (1968) 4, S. 190–192.

[7] *Teichmann, R.*, und *Voigtländer, G.*: Eine einfache Methode zur Bestimmung des Durchschnittspolymerisationsgrades von Polyacrylnitril in Pfropfcopolymeren mit Cellulose. Faserforsch. u. Textiltechnik **20** (1969) 7, S. 348.

[8] *Morris, N. J., Blouin, F. A.*, und *Arthur, J. C., jr.*: Separation and characterization of the vinyl side chains from grafted polyacrylonitrile — cotton copolymers. J. appl. Polymer Sci. **12** (1968) 2, S. 373–380.

[9] *Schurz, J.*, und *Rebek, M.*: Beiträge zur Pfropfmischpolymerisation mit Cellulose. Papier **20** (1966) 10 A, S. 664 bis 671.

[10] *Uhlig, E.*, und *Teichmann, R.*: Pfropfpolymerisation auf Cellulose (Baumwolle), initiiert durch aktiven Braunstein. Faserforsch. u. Textiltechnik **19** (1968) 5, S. 239.

[11] *Uhlig, E.*, und *Teichmann, R.*: Zum Verhalten von Cellulose gegenüber Oxydationsmitteln. Faserforsch. u. Textiltechnik **22** (1971) 9, S. 469–470.

[12] *Rath, H.*: Lehrbuch der Textilchemie. Berlin/Göttingen/Heidelberg: Springer 1963.

[13] *Sugihara, J. M.*: Relative reactivities of hydroxyl groups of carbohydrates. Advances Carbohydrate Chem. **8** (1953) S. 1–44.

[14] *Rowland, S. P., Roberts, E. J.*, und *Wade, C. P.*: Selective accessibilities of hydroxyl groups in the microstructure of cotton cellulose. Textile Res. J. **39** (1969) 6, S. 530–542.

[15] *Livšic, R. M., Alačev, V. P., Prokofeva, M. V.*, und *Rogovin, Z. A.*: Über den Mechanismus der Initiierung der Pfropfcopolymerisation auf Cellulose durch Salze des vierwertigen Cers. Vysokomol. Soed. (Hochmol. Verbind.) **6** (1964) 4, S. 655–658.

[16] *Kulkarni, A. Y.*, und *Mehta, P. C.*: Oxidation of cellulose by ceric ion. J. Polymer Sci., B: Polymer Letters **5** (1967) 3, S. 209–215.

[17] *Arthur, J. C. jr.*, und *Demint, R. J.*: Graft polymers of cotton cellulose and acrylonitrile initiated by radiation. Textile Res. J. **31** (1961) 11, S. 988–989.

[18] *Livšic, R. M., Sydykov, T. S.*, und *Rogovin, Z. A.*: Strukturuntersuchungen an durch Pfropfung von Synthesepolymeren modifizierten Cellulosefasern. Cellulose Chem. Technology, Jassy/Rum. **2** (1968) 1, S. 3–24.

[19] *Bridgeford, D. J.*: Catalytic deposition and grafting of olefin polymers into cellulosic materials. IEC Ind. engng. Chem. / Product Res. Development **1** (1962) 1, S. 45–52.

[20] *Voigtländer, G.*: Veröffentlichung in Vorbereitung.

[21] *Toda, T.*: Graft copolymerization to cellulose by sodium periodate. J. Polymer Sci. **58** (1962) 166, Teil 1, S. 411 bis 427.

[22] *Ubbelohde, L.*: Zur Viskosimetrie. Leipzig: S. Hirzel 1936.

[23] *Schwertassek, K.*: Beschreibung der Methode zur Bestimmung der Jodsorption, der reduzierten Jodsorption und der Normalmercerisation. V. Mitteilung: Über den Zusammenhang von Jodsorption und Kristallisationszustand von Cellulosefasern. Faserforsch. u. Textiltechnik **3** (1952) 3, S. 87–95.

Eingegangen am 3. September 1971

Versuche zur Veresterung der Carboxylgruppen der Cellulose

Ivan Slávik und *Mária Kučerová*

Chemisches Institut der Slowakischen Akademie der Wissenschaften in Bratislava, ČSSR

DK 661.728:542.951.3:543.888:543.851.1:543.43

Die sauren Gruppen der Cellulose wurden mit Methanol, enthaltend H_2SO_4 und P_2O_5, durch verschieden langes Stehen in der Kälte und eventuell durch nachfolgendes Kochen mit Rückflußkühler über 2 h verestert. Die Veresterung wurde durch Abspaltung und kolorimetrische Bestimmung des gebundenen Methanols, durch Bestimmung der freien Säuregruppen vor und nach der Veresterung und durch Kolorimetrie der mit NH_2OH und $FeCl_3$ angefärbten Celluloseblätter verfolgt. Die Übereinstimmung der drei Methoden war sehr mangelhaft, was den sauren Gruppen verschiedenen Typs zugeschrieben wird. Es wurden auch nicht veresterbare saure Gruppen beobachtet, von denen angenommen wird, daß es sich um Endiolgruppen handelt.

К вопросу об этерификации карбоксильных групп целлюлозы

Кислотные группы целлюлозы подвергались этерификации метанолом в присутствии серной кислоты и пятиокиси фосфора при взаимодействии на холоду при различной продолжительности, а в отдельных случаях с последующим кипячением с обратным холодильником в продолжение 2 часов. Ход процесса этерификации изучался при помощи отщепления и колориметрического определения связанного метанола, путем определения свободных кислотных групп до и после этерификации, а также методом колориметрии листов целлюлозы, окрашенных при применении гидроксиламина и треххлористого железа. Результаты трех методов показали очень неудовлетворительное совпадение, что об'ясняется различием в типах кислотных групп. Установлено наличие кислотных групп, не подвергающихся этерификации. Для этих групп предполагается ендиольная структура.

Experiments Relating to the Esterification of Carboxyl Groups of Cellulose

The acid groups of cellulose were esterified within 2 hrs with methanol containing H_2SO_4 and P_2O_5 by keeping in the cold for different periods of time followed by boiling in a reflux condenser. The esterification process was investigated by splitting off the bound methanol and colorimetric determination, by determination of free acid groups before and after esterification and by colorimetry of the cellulose sheets stained with NH_2OH and $FeCl_3$. Due to the different kinds of acid groups, the results obtained by these three methods show only poor agreement. There are also acid groups, presumably endiol groups, which did not undergo esterification.

Zur Bestimmung der Carboxylgruppen der Cellulose wird im allgemeinen ihre Fähigkeit ausgenützt, in Lösungen H^+-Ionen freizusetzen. Die dabei auftretenden Schwierigkeiten sind genügend bekannt: die Hydroxysäuregruppen der Cellulose neigen zur Lactonbildung und entgehen dadurch der Bestimmung, wenn neutrale oder nur schwach alkalische analytische Lösungen angewendet werden. Bei der Benützung von stärker alkalischen Lösungen werden zwar die Lactone gespalten, doch gleichzeitig können durch Umgruppierungsreaktionen neue sauere Gruppen entstehen [1, 2, 3]. Infolge dieser Erscheinungen können in den Ergebnissen der Carboxylbestimmung, besonders bei einer stärker oxydierten Cellulose, ganz erhebliche Differenzen vorkommen, je nach der Methode bzw. je nach dem pH-Wert der analytischen Lösung.

Wir haben die Möglichkeit betrachtet, die Carboxylgruppen der Cellulose zu verestern und den Esterifizierungsvorgang analytisch zu verfolgen. Solcher Vorgang wurde z. B. von *Kaye* und *Kent* [4] benützt zur Bestimmung der Säuregruppen wasserlöslicher Saccharide. Die Proben wurden mit 1% HCl im Methanol bei 100°C unter Druck 30 min lang gekocht, das gebildete Ester mit Hydroxylamin in Hydroxamsäure übergeführt und nach Anfärbung mit Eisenchlorid die Menge der Säuren kolorimetrisch bestimmt. — *Ray* und *Rottenberg* [5] haben Uronsäuren durch 12 h Kochung mit 4,8% HCl im Methanol unter Rückflußkühler esterifiziert und haben Methylester-Methylglycosid erhalten.

Im Falle der Cellulose haben wir mit folgenden Möglichkeiten der analytischen Verfolgung der Veresterung gerechnet:

1. Abspaltung des gebundenen Methanols, Oxydation zu Formaldehyd und kolorimetrische Bestimmung mit dem *Schiff*schen Reagens.
2. Bestimmung des Carboxylgruppengehaltes vor und nach der Veresterung und Berechnung der Menge der esterifizierten Gruppen aus dem Rückgang dieses Wertes.
3. Überführung der an den Cellulosefasern gebildeten Ester in Hydroxamsäure, Anfärbung mit Eisenchlorid und Messen der Farbe der geformten Blätter mit dem Zeiss'schen Leukometer. Aus der Differenz der Farbintensität vor und nach Veresterung Abschätzung der Menge der gebildeten Ester.

Zu diesen drei Möglichkeiten ist folgendes zu bemerken:

Bei der Methode 1 können Fehler durch Abspaltung der Säuregruppen bei der Veresterung entstehen, und deshalb müssen die Veresterungsbedingungen so mild wie möglich gewählt werden; wir haben daher von einer Druckkochung bei 100°C abgesehen. Andererseits kann Methanol nicht nur als Ester, sondern auch als Methylglycosid gebunden werden, wodurch ein Fehler in der anderen Richtung entstehen kann.

Bei der Methode 2 spielt eine Abspaltung der Säuregruppen aus den Fasern keine so große Rolle, da es für das Ergebnis gleich ist, ob die gebundenen Säuregruppen in den Fasern in ungelöster Form verbleiben oder in Lösung gehen. Andererseits ist hier die Methode sehr wichtig, die zur Bestimmung der Carboxylgruppen verwendet wird: die verwendete analytische Lösung darf nicht alkalisch sein, sonst käme es zur unkontrollierbaren Abspaltung des Methanols aus den Estergruppen. Wir haben die Jodid/Jodat-Methode angewendet [6] mit neutraler Lösung.

Die Methode 3 haben wir bearbeitet und in mehreren Publikationen veröffentlicht [7, 8]. Eine Abspaltung der Säuregruppen enthaltenden Einheiten in gelöster Form ist

Tabelle 1. Celluloseproben

Nr.	Ursprung	Oxydationsmittel	COOH, mmol/100 g *Wilson* [9]	COOH, mmol/100 g Jodom. [6]	Cu-Zahl
1	Fichte, Sulfit	$NaClO_2$	2,72	—	1,46
2	Fichte, Sulfit	$NaClO_2$	3,11	8,58	1,56
3	Fichte, Sulfit	$NaClO_2$	6,12	9,76	1,98
4	Fichte, Sulfit	$NaClO_2$	4,42	21,88	1,17
5	Buche, Sulfat	Chlor	2,52	—	1,33
6	Buche, Sulfat	Chlor	2,66	—	1,74
7	Buche, Sulfat	$NaClO_2$	2,13	6,84	1,48
8	Whatman-Papier Nr. 1	NO_2	29,55	55,60	7,51
9	Whatman-Papier Nr. 1	NO_2	38,66	93,45	9,10
10	Whatman-Papier Nr. 1	HJO_4–$NaClO_2$	7,60	15,90	1,62

auch hier unerwünscht. Ein Nachteil dieser Methode ist, daß es keinen genauen Umrechnungsfaktor von log I_0/I auf die Menge der veresterten Carboxylgruppen gibt.

Experimentelles

Celluloseproben: die verwendeten Proben sind in Tabelle 1 beschrieben. Von den Kennziffern geben wir nur den Carboxylgehalt nach zwei Methoden und die Kupferzahl an.

Die Proben mit bekanntem Trockengehalt wurden trocken zerfasert, gewogen und mit dem Esterifizierungsgemisch versetzt. Bei nassen Proben wurde an der Nutsche abgesaugt, der Kuchen 4- bis 5mal langsam mit Methanol durchgewaschen, abgesaugt und zur Veresterung angesetzt. Die Einwaage wurde in einer Parallelprobe ermittelt.

Veresterung: zu 100 ml Methanol ch.r. wurden 1 ml konzentrierte Schwefelsäure und ca. 1 g Phosphorpentoxid zugesetzt. Zu je 1 g der Celluloseprobe wurden 50 ml dieses Gemisches zugegeben, durchgerührt und in geschlossenem Gefäß mehrere Tage bei Raumtemperatur stehen gelassen. In einigen Fällen versuchten wir, nachher noch 2 h lang unter Rückflußkühler zu kochen.

Die Celluloseprobe wurde nachher abfiltriert, mit Wasser säurefrei gewaschen und weiter untersucht.

Bestimmung des gebundenen Methanols: die esterifizierte Probe wurde mit ca. 100facher Menge an 0,025 N NaOH versetzt, und vom Gesamtvolumen wurden ca. 30% überdestilliert, im Destillat das Methanol mit Kaliumpermanganat und Phosphorsäure zu Formaldehyd oxydiert und nach Beseitigung des Überschusses an Permanganat mit Oxalsäure mit dem *Schiff*schen Reagens kolorimetrisch bestimmt.

Tabelle 2. Zeitlicher Verlauf der Veresterung

Probe: Veresterung	Nr. 4 COOH jodom. mmol/100 g	Nr. 4 Rückgang %	Nr. 7 COOH jodom. mmol/100 g	Nr. 7 Rückgang %
vor Veresterung	21,88	—	6,84	—
24 h kalt	5,98	72,67	—	—
5 Tage kalt	5,0	77,16	3,30	50,7
12 Tage kalt	—	—	2,28	65,9
21 Tage kalt	—	—	1,03	84,6
2 h Kochen	4,80	78,10	—	—
24 h kalt 2 h Kochen	2,32	89,4	3,52	48,5
21 Tage kalt 2 h Kochen	—	—	1,25	81,3

Titrimetrische Bestimmung der sauren Gruppen: die sauren Gruppen in der Cellulose wurden nach der Jodid/Jodat-Methode bestimmt [6] und im mmol/100 g ausgedrückt. Die Differenz der Werte vor und nach der Veresterung betrachten wir als Maß für die veresterten Säuregruppen.

Kolorimetrische Verfolgung der Estergruppen: nach unserer Methode [7, 8] haben wir die Ester an den Cellulosefasern mit alkalischer Hydroxylaminlösung in Hydroxamsäuren übergeführt, diese mit schwach saurer Eisenchloridlösung angefärbt, aus der Probe (ca. 1,5 g) ein Blatt von 7,5 cm Durchmesser geformt, ausgepreßt, an der Luft getrocknet und die Farbe am Zeiss-Leukometer mit blauem Filter gemessen. Die Ergebnisse werden als log I_0/I ausgedrückt, wobei I_0 die Farbe (Weißgrad) der Probe nach einer Behandlung nur mit der Eisenchloridlösung, also ohne Hydroxylaminbehandlung, und I die Ergebnisse der einzelnen Messungen nach der Behandlung mit beiden Reagenzien bedeuten.

Ergebnisse und Auswertung

Verlauf der Esterifizierung

Der zeitliche Verlauf der Esterifizierung von zwei Proben wird in Tabelle 2 gezeigt. Der Rückgang der Säuregruppen bei der Veresterung wurde jodometrisch verfolgt, und der Verlauf ist bei den beiden Proben recht verschieden.

Bei der Fichtensulfitprobe wurde ein Maximum der Veresterung schon nach 24 h in der Kälte und 2 h Kochen mit Rückflußkühler erreicht, wo bei der Buchensulfatprobe der Rückgang der Säuregruppen noch unter 50% blieb. Bei der letzteren Probe wurde ein Maximum der Veresterung nach 21 Tagen in der Kälte erreicht; durch eine nachfolgende 2-h-Kochung ist jedoch der Grad der Veresterung wieder zurückgegangen.

Gebundenes Methanol

In der Tabelle 3 sind die Ergebnisse der Bestimmungen des Methanols in den esterifizierten Proben angegeben. Die gefundenen Werte sind im allgemeinen niedriger, als der Carboxylgruppengehalt, gefunden nach der *Wilson*-Methode mit $NaHCO_3$ + NaCl-Lösung [9], und noch niedriger gegenüber den jodometrisch gefundenen Werten. Es ist also nicht der Fall eingetreten, den wir erwartet haben, daß die Menge des gebundenen Methanols durch die glycosidisch gebundene erhöht wird. Dies kann bedeuten, daß das Methanol aus dem Methylglycosid schon bei der Vorbereitung der Probe abgespaltet wurde, wahrscheinlicher jedoch, daß bei der Veresterung die veresterten Säuregruppen teilweise in

Tabelle 3. Gebundenes Methanol nach Veresterung

Probe Nr.	Methanol, gebunden mmol/100 g	Veresterung
1	2,58	2 h Kochen
2	2,44	24 h kalt 2 h Kochen
5	2,35	2 h Kochen
6	3,10	2 h Kochen
9	36,09	24 h kalt 2 h Kochen
10	4,0	24 h kalt 2 h Kochen

Lösung gegangen sind. In dem Gemisch nach der Veresterung haben wir in einigen Fällen kleine Mengen von gelösten Estern durch die Hydroxamsäurereaktion nachweisen können, und zwar auch dann, wenn ein Vorhandensein von Acetylgruppen in der Probe ausgeschlossen war.

Jodometrische Verfolgung der Veresterung

Durch die Veresterung der Carboxylgruppen geht die Fähigkeit der Probe, aus einer Jodid/Jodat-Lösung Jod freizusetzen, zurück, und diesen Rückgang betrachten wir als Maß für die veresterbaren Säuregruppen (Tabelle 4). In keinem Falle ist der jodometrisch ermittelte Carboxylgruppengehalt auf Null gefallen, es sind also saure Gruppen anwesend, die bei den gegebenen Bedingungen nicht verestert werden. Ob es sich hier um sehr schwer zugängliche oder sehr langsam reagierende Carboxylgruppen gewissen Typs, oder schließlich um nicht carboxylische saure Gruppen, z. B. Endiolgruppen, handelt, ist nicht zu entscheiden.

So wie in der Tabelle 2 ist auch hier ein schnellerer Verlauf der Veresterung bei Fichtensulfitzellstoffen gegenüber den Buchensulfatzellstoffen ersichtlich. Schneller ist der Verlauf auch beim Whatman-Papier, mit NO_2 oxydiert, während nach einer Oxydation mit Perjodat und Chlorit die Geschwindigkeit mittelmäßig ist.

Kolorimetrische Auswertung der Veresterung

In der Tabelle 4 sind auch die Ergebnisse der kolorimetrischen Auswertung der Veresterung angeführt. Den Wert $\log I_0/I$ nach der Veresterung haben wir mit dem Wert des ursprünglichen Präparates verglichen, so wie dies nach der Bereitung im Laboratorium, aus Betriebswasser und nach Trocknung im Trockenschrank erhalten wurde.

Darin liegt eine gewisse Ungenauigkeit, da trotz möglichst gleichmäßiger Bedingungen bei der Bereitung der Proben der Anteil der Säuregruppen, der in Lactoform vorlag, von Probe zu Probe schwanken konnte und die Anfangsfärbung, mit der wir die Färbung nach der Veresterung verglichen haben, nicht als verläßlicher Ausgangspunkt betrachtet werden kann.

Wenn wir die Zunahme des Wertes $\log I_0/I$ in Prozent dieses Wertes nach der Veresterung ausgedrückt haben, so hat sich trotzdem eine gewisse Ähnlichkeit mit der prozentualen Carboxylgruppenabnahme durch Veresterung nach der jodometrischen Methode gezeigt. Die Fichtensulfitzellstoffe und die oxydierten Whatmanpapier-Proben zeigen etwas höhere Werte als ein Buchensulfatzellstoff. Anders verhält sich hier die 2,3-Dicarboxyl-Cellulose (Nr. 10), bei der eine besonders starke Zunahme der Färbung zu verzeichnen ist. Dies ist wahrscheinlich dem Charakter dieser Carboxylgruppen zuzuschreiben.

Wir haben auch versucht, einen Umrechnungsfaktor vom kolorimetrischen Wert auf mmol/100 g COOH aufzustellen. Bei den Versuchen in Tabelle 4 ist als solcher Umrechnungsfaktor die Abnahme an COOH-Gruppen in mmol/100 g auf eine Differenz im $\log I_0/I$ von 0,1, umgerechnet, beides bei der Veresterung, angegeben. Die Werte dieses Umrechnungsfaktors sind bei den verschiedenen Celluloseproben sehr verschieden: die Fichtensulfitzellstoffe und die oxydierten Whatmanpapier-Proben zeigen höhere Werte, die bei höherer Oxydationsstufe noch weiter ansteigen. Viel niedrigeren Wert zeigt ein Buchensulfatzellstoff und besonders die 2,3-Dicarboxylcellulose.

Die gegenseitige Übereinstimmung der Ergebnisse der drei Bestimmungsmethoden ist also sehr mangelhaft, und es kann nicht aus dem Ergebnis einer Methode auf die Ergebnisse der beiden anderen geschlossen

Tabelle 4. Verfolgung der Veresterung jodometrisch und kolorimetrisch bei verschiedenen Proben

Probe Nr.	COOH jodometrisch mmol/100 g, vor Veresterung	COOH jodometrisch mmol/100 g, nach Veresterung	Abfall	$\log I_0/I$, vor Veresterung	$\log I_0/I$, nach Veresterung	$\frac{(d-c)\,100}{d}$	Umrechnungsfaktor*)
	a	b	%	c	d	%	
2	8,42	2,13	74,7	0,0382	0,1014	62,3	9,95
3	9,76	2,57	74,8	0,0282	0,1004	71,9	9,95
4	21,88	2,32	89,4	0,0607	0,1732	64,9	17,38
7	6,84	3,52	48,5	0,0546	0,1303	58,1	4,38
8	55,60	15,25	72,8	0,2001	0,5397	62,9	11,86
9	93,45	26,62	72,5	0,2301	0,6794	66,1	14,87
10	15,90	5,57	65,0	0,0645	0,4116	84,3	2,98

*) Umrechnungsfaktor $= \frac{a-b}{(d-c)\,10}$

Veresterung: 24 h in der Kälte, 2 h Kochen

werden. So viel steht fest, daß nicht nur die Geschwindigkeit der Veresterung, sondern auch das Verhältnis zwischen dem jodometrisch ermittelten Rückgang des Carboxylgruppengehaltes und der kolorimetrischen Bestimmung der Hydroxamsäuren sehr stark von dem Typ der Säuregruppen und von der Oxydationsstufe abhängen. Ein Bestreben, zwischen der jodometrischen und der kolorimetrischen Bestimmung der Säuregruppen einen allgemein gültigen Umrechnungsfaktor zu finden, wird also bestimmt zwecklos bleiben. Die Aufgabe wird hier wahrscheinlich die umgekehrte sein: aus der Geschwindigkeit der Veresterung und aus dem Verhältnis Estermenge zu Farbintensität auf die Carboxyltype zu schließen. Dazu wäre allerdings noch eine gründlichere Bearbeitung der Frage erforderlich.

Literatur

[1] *Christofferson, K.*, und *Samuelson, O.*: Note on the determination of carboxyl groups. Svensk Papperstidn. **63** (1960) S. 749—751.

[2] *Lindberg, B.*: Alkaline hydrolysis of glycosidic linkages. Svensk Papperstidn. **59** (1956) S. 531—534.

[3] *Nabar, G. M.*, und *Shenai, V. A.*: Studies in chemically modified celluloses. III. Estimation of free carbocylic acid groups in oxycellulose J. appl. Polymer. Sci. **14** (1970) S. 1215—1226.

[4] *Kaye, M. A. G.*, und *Kent, P. W.*: Ester and lactone linkages in acidic polysaccharides, J. chem. Soc. London (1953) S. 79—83.

[5] *Ray, P. M.*, und *Rottenberg, D. A.*: Uronic acid constituents of oat-coleoptile cell-walls. Biochem. J. **90** (1964) S. 646—655.

[6] *Slávik, I.*, und *Kučerová, M.*: Vorschlag einer neuen Methode zur Carboxylbestimmung in Zellstoffen. Faserforsch. u. Textiltechnik **17** (1966) S. 26—28.

[7] *Slávik, I.*, *Pašteka, M.*, und *Kučerová, M.*: Characterisation of carboxyl groups of cellulose using an iodometric method. Svensk Papperstidn. **70** (1967) S. 229 bis 233.

[9] *Wilson, K.*: Determination of carboxyl groups in cellulose. Svensk Papperstidn. **51** (1948) S. 45—49.

Eingegangen am 12. Oktober 1971

Orientierung der Fasern in einem elektrostatischen Feld

Teil 2. Bestimmen des statistischen minimalen Orientierungswinkels¹)

Evgenij Nikitič Beršev — Leningrader Institut für Textil- und Leichtindustrie „S. M. Kirov“

Vitalij Vasil'evič Kirillov — Leningrader Universität „Shdanov“

DK 677.4:677.494.675'126:677.021.125.3:537.228:677.014.87

Der Einfluß der Parameterstreuungen infolge Instabilität der Spannung, ungenauer Wahl des Elektrodenabstands und Inhomogenität der einzelnen Fasern hinsichtlich ihrer Längen und Polarisierbarkeitswerte auf die Orientierung der Fasern in einem elektrostatischen Feld wird untersucht. Es wird gezeigt, daß selbst bei optimaler Wahl der Parameter der mittlere Orientierungswinkel einer großen Anzahl von Fasern in einem elektrostatischen Feld nicht gleich Null sein wird, weil die einzelnen Parameterwerte für jede Faser von den statistischen Mittelwerten abweichen. Der Begriff des Ausrichtungskoeffizienten wird eingeführt und damit der statistische minimale Faserorientierungswinkel bei optimaler Wahl der Parameter unter Berücksichtigung der Streuung ermittelt. Die Theorie wird experimentell bestätigt.

Ориентация волокон в электростатическом поле

Часть 2-я. Определение статистического минимального угла ориентации

Изучалось влияние связанного с непостоянством напряжения, неточным выбором расстояния между электродами и неоднородностью отдельных волокон по длине и по величине их поляризуемости, колебания параметров на ориентацию волокон в электростатическом поле. Показано, что даже при оптимальном выборе параметров средний угол ориентации большого числа волокон в электростатическом поле не будет равняться нулю, так как индивидуальные значения параметров для отдельных волокон отклоняются от статистического среднего значения. Введено понятие коэффициента параллелизации, с помощью которого определен статистический минимальный угол ориентации волокон при оптимальном выборе параметров с учетом рассеяния отдельных значений. Разработанная теория доказана опытным путем.

Orientation of Fibres in an Electrostatic Field.

Part 2. Determination of the Minimum Angle of Statistical Orientation

The effect of differences in experimental parameters, as incorrect setting of electrode distances, instability of voltage, and inhomogenity of fibres with respect to their length and polarizability, on the orientation of fibres in an electrostatic field have been investigated. The mean angle of orientation of a great number of fibres is shown to deviate from zero even at optimum setting of the experimental parameters because the values of the parameters of individual fibres deviate from the average. The concept of the orientation angle is defined and applied to determine the minimum statistical angle of fibre orientation at optimum setting of the parameters with respect to the deviation. The theory is supported by experimental results.

Die ständig zunehmende Anwendung starker elektrischer Felder in technologischen Prozessen für Faserparallelisierung und -transport, z. B. beim elektrostatischen Spinnen, Beflokken usw. [1, 2], beruht auf der Einwirkung des Feldes auf einen Strom dispergierter aufgeladener und polarisierter Fasern oder anderer Teilchen. Dabei ist der Teilchenstrom unter realen Bedingungen immer inhomogen, und zwar wegen der Längenstreuung, der ungleichartigen Aufladung der Fasern und der Instabilität anderer Parameter.

Die bekannten Betrachtungen des Prozesses der Faserorientierung in einem elektrischen Feld, die sich in der Literatur finden, betreffen einzelne Teilchen und berücksichtigen nicht den Einfluß, den die Streuung der Parameter auf das statistische Ergebnis des Verhaltens einer großen Anzahl

¹) Teil 1 s. [4].

von Fasern hat. Ausgehend von der schon früher festgestellten Notwendigkeit [3, 4], diese Streuung der Parameter zu berücksichtigen, wird in der vorliegenden Arbeit die Aufgabe gelöst, quantitative Beziehungen für das Bewerten des statistischen minimalen Orientierungswinkels einer Vielzahl von Fasern unter Berücksichtigung der Streuung der hauptsächlichen Parameter zu ermitteln. Die theoretische Untersuchung und die experimentelle Nachprüfung erfolgen für den Fall der elektrostatischen Beflockung.

Die Orientierung einer Vielzahl von Fasern im Anfangs- und im Endzeitpunkt läßt sich immer durch einen Parameter $|\varphi|$ charakterisieren, der der Absolutbetrag des mittleren Winkels zwischen den Fasern und dem Feld ist. Der Zusammenhang läßt sich durch die Formel

$$|\bar{\varphi}| = K|\bar{\varphi}_0| \tag{1}$$

ausdrücken; es sind

K = Ausrichtungskoeffizient,
φ_0 = Anfangsaustrittswinkel der Faser an der Elektrode.

Je näher K dem Wert Null kommt, desto besser richtet das System die Fasern aus. Nach der Beschaffenheit der gewählten Einstellung ist $0 \leqq K \leqq 1$.

Wie früher von uns gezeigt worden ist [4], ist $K = 0$, wenn die Parameter (Spannung U, Elektrodenabstand h, Faserlänge l, Polarisierbarkeit α) optimal gewählt werden und nicht streuen, weil die Fasern bei optimalen Parametern unabhängig vom anfänglichen Austrittswinkel φ_0 sich zu $\varphi = 0$ orientieren.

Wir wollen die Frage einer Verschlechterung der Ausrichtung, d. h. des Größerwerdens von K, bei Streuung der Parameter gegenüber deren Optimalwerten untersuchen. Dabei gehen wir von dem in der vorausgehenden Mitteilung erhaltenen Ausdruck für die Orientierung einer einzelnen Faser im elektrostatischen Feld aus [4]:

$$\varphi = \varphi_0 \cos \psi, \tag{2}$$

wobei

$$\psi = \sqrt{\frac{24hE(\alpha E \pm Qlr)}{l^2(QE + mg)}} \tag{3}$$

ist. Hier sind:

E = die Feldstärke zwischen den Elektroden,
Q = die freie Ladung auf der Faser,
r = die relative Verschiebung des Ladungsmittelpunkts vom Faserschwerpunkt, $0 \leqq r \leqq 0{,}5$,
m, g = Masse der Faser, Erdbeschleunigung.

Unterscheiden sich die obengenannten Parameter (U, h, l, α) wenig von ihren Optimalwerten, dann ist $|\bar{\varphi}|$ ein kleiner Winkel, der durch Differenzieren der Gleichung (2) erhalten werden kann:

$$d\varphi = -\varphi_0 \sin \psi \, d\psi$$

oder

$$d\varphi = -\varphi_0 \psi (\sin \psi) \frac{d\psi}{\psi}. \tag{4}$$

Folglich muß der Ausdruck $d\psi/\psi$ berechnet werden. Wichtig ist dabei, die Abhängigkeit der Größen zu berücksichtigen, die in (3) als Einstell- und Faserparameter eingehen. Wir nehmen Q proportional l an [1, 2, 3, 5], ebenso die Masse.

Demnach ist ψ eine Funktion von

$$\psi = \psi(U, h, l, \alpha); \tag{5}$$

hieraus ergibt sich:

$$\frac{d\psi}{\psi} = \left(\frac{U}{\psi} \cdot \frac{\partial \psi}{\partial U}\right) \frac{dU}{U} + \left(\frac{h}{\psi} \cdot \frac{\partial \psi}{\partial h}\right) \frac{dh}{h} + \left(\frac{l}{\psi} \cdot \frac{\partial \psi}{\partial l}\right) \frac{dl}{l} + \left(\frac{\alpha}{\psi} \cdot \frac{\partial \psi}{\partial \alpha}\right) \frac{d\alpha}{\alpha}. \tag{6}$$

Für die in Klammern gesetzten Faktoren ergeben sich:

$$\frac{U}{\psi} \frac{\partial \psi}{\partial U} = \frac{1}{2} \left(1 + \frac{\alpha E}{\alpha E + rQl} - \frac{QE}{QE + mg}\right), \tag{7}$$

$$\frac{h}{\psi} \frac{\partial \psi}{\partial h} = -\frac{1}{2} \left(1 - \frac{rQl}{\alpha E + rQl} + \frac{mg}{QE + mg}\right), \tag{8}$$

$$\frac{l}{\psi} \frac{\partial \psi}{\partial l} = \frac{3}{2} \left(1 - \frac{2}{3} \cdot \frac{rQl}{\alpha E + rQl}\right), \tag{9}$$

$$\frac{\alpha}{\psi} \frac{\partial \psi}{\partial \alpha} = \frac{1}{2} \cdot \frac{\alpha E}{\alpha E + rQl}. \tag{10}$$

Wenn wir in Gleichung (4) vom Differential zu einer beliebigen Differenz übergehen, erhalten wir:

$$|\Delta\varphi| \leqq |\varphi_0| \, \psi \left|\frac{\Delta\psi}{\psi}\right|. \tag{11}$$

Hier ist das Zeichen für die Ungleichung dadurch notwendig geworden, daß wir sin ψ durch seinen Maximalwert ersetzt haben, den es bei $\varphi = 0$ annimmt, wodurch sich in der Ungleichung (11) die Differenz um die Maximalwerte der Parameterstreuungen erhöht. Da die Differenz $\Delta\varphi$ im Verhältnis zum Optimalwert der Orientierung steht, d. h. zu $\varphi = 0$, muß es sich folglich um einen realen Winkel bei gegebenen Parametern handeln, die von den optimalen verschieden sind.

Wenn in (11) $\Delta\varphi$ durch φ ersetzt und zum Mittelwert aller Fasern übergegangen wird, ergibt sich:

$$|\bar{\varphi}| \leqq |\bar{\varphi}_0| \, \psi \left|\frac{\Delta\bar{\psi}}{\psi}\right|. \tag{12}$$

Der Vergleich von (12) mit (1) ergibt:

$$K \leqq \psi \left|\frac{\Delta\bar{\psi}}{\psi}\right|. \tag{13}$$

Folglich hängt der Ausrichtungskoeffizient K von der Streuung der Größe ψ ab, die wir wiederum durch die Summe (6) darstellen, in der jedes Glied die Abhängigkeit von nur einem Parameter beschreibt. Natürlich ist auch die Darstellung von K in Form einer analogen Summe möglich:

$$K \leqq K_U + K_h + K_l + K_\alpha. \tag{14}$$

Wir möchten erwähnen, daß die Auswirkungen sich verspätender Fasern, die die Orientierung mit großen Austrittswinkeln im Vergleich zu Fasern mit kleinen Austrittswinkeln beginnen, was den Ausrichtungskoeffizienten zusätzlich vergrößert, hier nicht untersucht worden sind.

Unter Benutzung der Beziehungen (7) bis (11) und der Tatsache, daß die optimale Orientierung $\varphi = 0$ bei

$$\psi = \frac{\pi}{2}(2n+1)$$

erfolgt, kommen wir zu:

$$K_U = \frac{\pi}{4}(2n+1) \cdot \left(1 + \frac{\alpha E}{\alpha E + rQl} - \frac{QE}{QE + mg}\right) \cdot \left|\frac{\Delta U}{U}\right|, \quad (15)$$

$$K_h = \frac{\pi}{4}(2n+1) \cdot \left(1 - \frac{rQl}{\alpha E + rQl} + \frac{mg}{QE + mg}\right) \cdot \left|\frac{\Delta h}{h}\right|, \quad (16)$$

$$K_l = \frac{3\pi}{4}(2n+1) \cdot \left(1 - \frac{2}{3} \cdot \frac{rQl}{\alpha E + rQl}\right) \cdot \left|\frac{\Delta \bar{l}}{l}\right|, \quad (17)$$

$$K_\alpha = \frac{\pi}{4}(2n+1) \cdot \frac{\alpha E}{\alpha E + rQl} \cdot \left|\frac{\Delta \bar{\alpha}}{\alpha}\right|. \quad (18)$$

In den Gleichungen (15) bis (18) entsprechen alle Parameter ihren aus (11) zu entnehmenden Optimalwerten. In den Gleichungen (17) und (18) treten Mittelwerte auf, da sich Länge und Polarisierbarkeit von einer Faser zur anderen ändern können, während U und h für alle Fasern konstant sind.

Wir wollen den Einfluß eines jeden dieser Koeffizienten wegen der Instabilität (Streuung) der Hauptparameter untersuchen, uns dabei aber auf den Fall $n = 0$ beschränken, auf die erste Erreichung des Zustands der vollen Orientierung [4].

Instabilitäten der Spannung U

a) Eine freie Ladung ist nicht vorhanden, $Q = 0$. Dann ergibt sich aus (15):

$$K_U = \frac{\pi}{2} \cdot \left|\frac{\Delta U}{U}\right|. \quad (19)$$

Wird für die Instabilität der Hochspannungsspeisequelle

$$\left|\frac{\Delta U}{U}\right| = 0{,}02$$

angenommen, dann ist

$$K = 0{,}03,$$

d. h., die gewählte Instabilität der Speisequelle von 2% verschlechtert die Faserorientierung nur um 0,03 des mittleren Anfangsfaseraustrittswinkels.

b) Auf den Fasern befindet sich eine freie Ladung, $Q \neq 0$. Nach (15) führt das Vorhandensein einer freien Ladung zu einer Verminderung von K_U und zu einer entsprechenden Verbesserung der Gesamtorientierung, die sich günstig auf die Verschiebung des r der aufgebrachten Ladung auswirkt. Wenn die Faserorientierung in der Hauptsache auf diese Verschiebung zurückzuführen ist, dann strebt K nach einem Minimum, das bei Vorhandensein ausreichend großer Feldstärken ($QE \gg mg$) nach folgender Formel bestimmt werden kann:

$$K_U = \frac{\pi}{4} \cdot \frac{\alpha E}{rQl} \cdot \left|\frac{\Delta U}{U}\right|. \quad (20)$$

Bei $\alpha E = 0{,}1\, rQl$ ist

$$K_U = 0{,}002.$$

Bei $\alpha E = rQl$ ist

$$K_U = 0{,}008.$$

Erfolgt keine Verschiebung der Ladung, so ist $r = 0$:

$$K_U = \frac{\pi}{4} \cdot \left|\frac{\Delta U}{U}\right|,$$

und bei der angegebenen Spannungsinstabilität von 2% ist

$$K_U = 0{,}015.$$

Daraus ist abzuleiten: wenn die Faserorientierung hauptsächlich infolge der Verschiebung der freien Ladung und nicht infolge Polarisation vor sich geht, hat eine Instabilität der Speisequelle praktisch keinen Einfluß auf die Endorientierung. Diese Tatsache kann bei der experimentellen Erforschung des Orientierungsmechanismus benutzt werden.

Instabilität des Abstands h zur vorgegebenen Fläche

a) $Q = 0$.

Aus Gleichung (16) ist zu folgern, daß in diesem Falle der Einfluß der Instabilität hinsichtlich h am größten wird:

$$K_h = \frac{\pi}{2} \cdot \left|\frac{\Delta h}{h}\right|. \quad (21)$$

Ohne freie Ladung ist die Endorientierung am empfindlichsten gegen eine ungenaue Wahl (Instabilität) der Spannung U und des Abstands h.

Bei $\Delta h/h = 0{,}01$ ist

$$K_h = 0{,}015.$$

b) $Q \neq 0$.

Hier geht ebenfalls die Empfindlichkeit hinsichtlich h zurück. Im Grenzfalle ist die Abhängigkeit von der Instabilität hinsichtlich h dieselbe wie bei U (siehe Gleichung (20)).

Mithin kann man bereits durch eine einzelne Messung von K_U oder K_h den Orientierungsmechanismus beurteilen.

Instabilität der Faserlänge l

Zunächst ist festzustellen, daß der Einfluß der Instabilität von l nicht von den Beziehungen zwischen QE und der Masse der Faser mg abhängig ist (17).

a) $Q = 0$.

Hier liegt — wie auch bei den anderen Parametern, wenn keine freie Ladung vorhanden ist — die maximale Empfindlichkeit des Endorientierungswinkels gegen die

Längenstreuung der Fasern vor:

$$K_l = \frac{3\pi}{4} \cdot \left| \frac{\Delta \bar{l}}{l} \right|. \qquad (22)$$

Die Laboranalyse einer Partie Faserflocke mit einer mittleren Faserlänge $\bar{l} = 3$ mm ergab einen Streuungswert

$$\left| \frac{\Delta \bar{l}}{l} \right| = 0{,}1,$$

was nach (22) zu einem Wert

$$K_l = 0{,}24$$

führt.

Man ersieht daraus, daß die Faserlängenstreuung die mittlere Faserorientierung am meisten verschlechtert.

b) $Q \neq 0$.

In diesem Falle verringert sich K_l gemäß Gleichung (17) und strebt einem Drittel des Wertes zu, den Gleichung (22) mit $rQl \gg \alpha E$ ergibt, wobei aber K_l für $r = 0$ seinen Maximalwert nach (22) behält.

Instabilität der Polarisierbarkeit der Fasern α

Aus (18) kann man ersehen, daß bei dem Teil des Ausrichtungskoeffizienten, der vom Unterschied der Polarisierbarkeit der einzelnen Fasern abhängt, die Größe des Verhältnisses zwischen der elektrischen Kraft und der Masse ebenfalls keinen Einfluß auf die Orientierung hat.

a) $Q = 0$.

Der Koeffizient K_α erreicht analog anderen ähnlichen Bedingungen seine maximale Größe bei:

$$K_\alpha = \frac{\pi}{4} \cdot \left| \frac{\Delta \bar{\alpha}}{\alpha} \right|. \qquad (23)$$

Während wir bei den voranstehenden Parametern die Möglichkeit hatten, die Instabilität auf Grund vorhandener Erfahrungen zu bewerten, gibt es hinsichtlich der Polarisierbarkeit zu wenige Daten, und es sind besondere Untersuchungen nötig.

Wir geben $|\Delta \bar{\alpha}/\alpha| = 0{,}1$ vor. Dann erhalten wir:

$$K_\alpha = 0{,}08.$$

b) $Q \neq 0$.

Bei $r = 0$ haben wir dasselbe Ergebnis wie bei dem oben erörterten Fall ($Q = 0$).

Wird die freie Ladung verschoben, dann vermindert sich der Einfluß der Streuung der Polarisierbarkeit (unter der Annahme, daß sich die Polarisierbarkeit beim Aufbringen einer Ladung nicht ändert) und strebt dem Ausdruck (20) mit entsprechender Ersetzung von $|\Delta U/U|$ durch $|\Delta \bar{\alpha}/\alpha|$ zu.

Um zu einem Gesamtergebnis für alle erörterten Varianten zu gelangen, summieren wir alle Teilfehler, wobei wir den ungünstigsten Fall $Q = 0$ wählen. Wir erhalten

$$K \leqq 0{,}325,$$

was bei $|\bar{\varphi}_0| = 45°$, d. h. bei gleich wahrscheinlicher Verteilung der Anfangswinkel von 0 bis 90°, für den mittleren Endorientierungswinkel einen Wert ergibt, der $|\bar{\varphi}| = 14°$ nicht übersteigt.

Eine Analyse hat gezeigt, daß beim Vorhandensein einer verschobenen Ladung im Falle eines Wachsens der Feldstärke der mittlere Faserorientierungswinkel bei derselben Streuung der Parameter kleiner wird.

Wenn $\alpha E = 0{,}1\, rQl$ ist, dann ergibt eine Berechnung anhand der gefundenen Formeln für die gewählten Streuungswerte der Hauptparameter $|\bar{\varphi}| = 4{,}2°$, wovon 3,6° auf die Längenstreuung entfallen. Nicht berücksichtigt ist hier die Möglichkeit einer zeitlichen Verspätung der Orientierung der Fasern, die mit großen Anfangswinkeln austreten, was die ermittelte Zahl erhöht.

Die so erhaltenen Werte des Ausrichtungskoeffizienten gelten unter der Bedingung der Wahl optimaler Parameter für den ersten Durchgang der Fasern durch die Lage der vollen Orientierung, d. h. bei $n = 0$. Wenn das orientierende elektrische Feld so aufgebaut ist, daß die Fasern während ihrer Bewegung zur vorgegebenen Fläche 3/4 (5/4 usw.) einer vollen Schwingung ausführen, was $n = 1$ ($n = 2$ usw.) entspricht, so verschlechtert dies nach den Gleichungen (15) bis (18) die Orientierung, erhöht den Ausrichtungskoeffizienten und durch ihn den mittleren Winkel auf das Dreifache (Fünffache usw.), selbstverständlich innerhalb der Grenzen $K \leqq 1$. Andererseits kann in der Art der Faserzuführung der Grund für eine Orientierung liegen, dank der die Fasern in das elektrische Feld mit einem mittleren Anfangswinkel $< 45°$ eintreten, was den Endorientierungswinkel $|\bar{\varphi}|$ proportional vermindern muß (siehe Gleichung 1).

Bei empirischer Wahl der Spannung, des Elektrodenabstands, der Behandlung zur Beeinflussung der Polarisierbarkeit und der Faserlänge an einer elektrostatischen Beflockungsanlage ist es uns unter Laborbedingungen gelungen, für 3 mm lange, aufgeladene Polyamidfasern (KAPRON-Fasern) einen geringsten mittleren Neigungswinkel von 12° zu erhalten. Damit bestätigt das experimentelle Ergebnis die Voraussage, daß es wegen der Streuung der Parameter unmöglich ist, die gesamte Vielzahl der Fasern gleichzeitig vollständig zu orientieren. Der numerische Wert des experimentell erhaltenen statistischen minimalen Orientierungswinkels liegt in den theoretisch ermittelten Grenzen zwischen 4,2 und 14°. Läßt man eine volle Kompensierung der nichtberücksichtigten Faktoren zu, so kann aus den Gleichungen (14) bis (18) das Verhältnis zwischen αE und rQl abgeschätzt werden, d. h., man kann die Frage beantworten: Erfolgt die Orientierung durch die Polarisation der Faser oder infolge der Verschiebung der aufgebrachten freien Ladung oder aber infolge beider Ursachen und in welchen Proportionen? Wenn die Daten für den mittleren Faseraustrittswinkel $|\bar{\varphi}_0|$ und der Wert von n bekannt sind und der Einfluß großer Anfangsaustrittswinkel berücksichtigt wird, lassen sich das genannte Verhältnis und der zu erwartende mittlere minimale Orientierungswinkel genau ermitteln.

Hier muß aber bemerkt werden, daß die erörterte Theorie der Berücksichtigung der Parameterstreuung beim Berechnen des mittleren Orientierungswinkels einer Vielzahl von Fasern nur bei optimaler Wahl der Parameter, d. h. im Bereich minimaler mittlerer Winkel, Gültigkeit hat. Vom Standpunkt der Praxis aus ist dies der interessanteste Bereich. Für die Folge ist vorgesehen, die verallgemeinerte Aufgabe für beliebige Orientierungswinkel einer inhomogenen Fasergesamtheit zu untersuchen.

Schlußfolgerungen

Für den Bereich optimaler gewählter Parameter, für den der mittlere Endorientierungswinkel die niedrigsten Werte annimmt, ist der Einfluß auf die Orientierung der Fasern in einem elektrostatischen Feld untersucht worden, den die Streuung der einzelnen Parameter hat, die mit der Instabilität der Spannung, der ungenauen Wahl des Elektrodenabstands, der Ungleichartigkeit der einzelnen Fasern hinsichtlich ihrer Länge und ihrer Polarisierbarkeit zusammenhängt. Es wird gezeigt, daß der mittlere Endorientierungswinkel der Fasern wegen der Streuung niemals Null ist.

Weiterhin wird der Begriff des Ausrichtungskoeffizienten eingeführt. Für ihn werden Beziehungen erhalten, die es ermöglichen, den statistischen minimalen Orientierungswinkel der Fasern bei optimaler Wahl der mittleren Parameter unter Berücksichtigung der Streuung zu berechnen.

Bei den auf Grund der Erfahrung gewählten Werten der Streuung der Parameter ergibt sich, daß der statistische minimale Orientierungswinkel zwischen 4,2 und 14° liegt. Eine experimentelle Nachprüfung an 3 mm langen Polyamidfasern hat eine zufriedenstellende Übereinstimmung mit der Theorie ergeben.

Literatur

[1] *Radovickij, V. P.*, und *Strel'cov, B. N.*: Ėlektrodinamika tekstil'nych volokon (Elektrodynamik textiler Faserstoffe). Moskva: Legkaja Ind. 1967.
[2] *Beršev, E. N.*, und *Androsov, V. F.*: Primenenie ėlektričeskich polej v tekstil'noj i legkoj promyšlennosti (Anwendung elektrischer Felder in der Textil- und in der Leichtindustrie). Moskva: Legkaja Ind. 1968.
[3] *Balabanov, E. M.*: Disperse Systeme im elektrischen Feld der Koronaentladung. Doktordissertation Moskva 1953.
[4] *Beršev, E. N.*, und *Kirillov, V. V.*: Orientierung der Fasern in einem elektrostatischen Feld. Teil 1. Orientierung zu einer vorgegebenen Fläche. Faserforsch. u. Textiltechnik **23** (1972) 3, S. 97–103.
[5] *Nagi-Zade, A. T.*, und *Popkov, V. I.*: Sammelband Sil'nye ėlektričeskie polja v technologičeskich processach (Starke elektrische Felder in technologischen Prozessen). Moskva: Ėnergija 1969. S. 5–20.

Eingegangen am 9. Juni 1971

Bestimmung des Orientierungsgrades von faserbildenden Polymeren mittels Breitlinien-Kernresonanz

Konrad Frigge

Deutsche Akademie der Wissenschaften zu Berlin, Institut für Faserstoff-Forschung in Teltow-Seehof, Abteilung Physik

DK 677.4:678.6/.7:677.014.87:677.014.842:543.422.25

Aus der Abhängigkeit der zweiten Momente der Kernresonanzlinien vom Winkel zwischen der Faserachse und dem äußeren Magnetfeld erhält man zwei Parameter, die den Orientierungsgrad charakterisieren. Bei der Bestimmung der beiden Parameter wird auch der Ordnungsgrad der Proben berücksichtigt.

Определение степени ориентации волокнообразующих полимеров методом широкодиапазонного ядерного резонанса

Зависимость вторых моментов линий ЯМР от угла между осью волокна и внешним магнитным полем позволяет определить два параметра, характеризующие степень ориентации. При определении обоих параметров учитывается также и упорядоченность образцов.

Broad Line NMR Determination of the Degree of Orientation in Fibre-forming Polymers

The dependence of the second moment of the resonance lines on the angle between fibre axis and external magnetic field yields two parameters which characterize the degree of orientation. In the determination of these two parameters also the state of order of the sample is considered.

1. Einleitung

Die Anisotropie der Kernresonanzspektren von orientierten Polymeren wurde bereits von verschiedenen Autoren untersucht [1 bis 4]. Wegen der Abhängigkeit des Orientierungsgrades von Fasern vom Herstellungsprozeß und wegen des erheblichen Einflusses dieser Größe auf den Gebrauchswert der Fasern ist es naheliegend, aus der Anisotropie der Kernresonanzspektren den Orientierungsgrad zu ermitteln. Das Verfahren beruht auf der Theorie der zweiten Momente der Kernresonanzspektren von *Van Vleck* [5]. Hierbei tritt die Schwierigkeit auf, daß die zweiten Momente exakt nur für ideale Kristallgitter berechnet werden können. Die faserbildenden Polymeren sind jedoch von diesem Zustand sehr weit entfernt. Bei den Untersuchungen von *Yamagata* und *Hirota* [3] wird der niedrige Ordnungsgrad nicht berücksichtigt. Dagegen gehen *Kol'cov* und *Vol'kenštejn* [4] bei Proben mit niedrigem Ordnungsgrad von der Annahme aus, daß der intermolekulare Beitrag zum zweiten Moment orientierungsunabhängig ist. Sie schätzen diesen Beitrag ab als Differenz zwischen dem experimentellen Wert des zweiten Momentes der isotropen Probe und dem nach der Formel von *Van Vleck* [5] berechneten isotropen intramolekularen Beitrag zum zweiten Moment. Im Falle von Polycaproamid und Polyäthylenterephthalat scheinen uns beide Wege nicht gangbar. In der vorliegenden Arbeit wird daher eine Methode vorgeschlagen, die es gestattet, den Orientierungsgrad von Fasern unter Berücksichtigung des Ordnungsgrades zu bestimmen.

2. Berechnung des zweiten Momentes

2.1. Zweites Moment eines kristallinen Polymeren

Bei der Berechnung des zweiten Momentes gehen wir von der von *Van Vleck* [5] angegebenen Formel für den Einkristall aus:

$$\overline{\Delta H^2} = \frac{3}{4} g^2 \mu_K{}^2 \frac{I(I+1)}{N} \sum_{j<k} r_{jk}^{-6} (3 \cos^2 \theta_{jk} - 1)^2. \quad (1)$$

Hierbei ist g der Kern-g-Faktor, μ_k das Kernmagneton, I der Kernspin, N die Zahl der Kerne, die sich in Resonanz befinden, pro Elementarzelle (im Falle von Polymeren: pro Monomereneinheit), r_{jk} der Abstand zweier Kerne und θ_{jk} der Winkel zwischen dem Kernverbindungsvektor $\mathfrak{r}_{jk}$ und dem äußeren Magnetfeld H_0.

Wir setzen zunächst ein ideales Kristallgitter voraus. Wegen der Axialsymmetrie von Fasern muß der winkelabhängige Anteil $(3 \cos^2 \theta_{jk} - 1)^2$ entsprechend umgeformt werden. Die hier folgenden Rechnungen sind im Prinzip die gleichen wie bei *Yamagata* und *Hirota* [3] sowie *Kol'cov* und *Vol'kenštejn* [4], wir wählen lediglich eine andere Schreibweise und gelangen so zu einer uns zweckmäßiger erscheinenden Endformel.

Es werden folgende Größen eingeführt:

α_{jk}: Winkel zwischen $\mathfrak{r}_{jk}$ und Kristallitachse a,
β: Azimuth von $\mathfrak{r}_{jk}$,
δ: Winkel zwischen Orientierungsrichtung O und Magnetfeld H_0,
δ': Winkel zwischen Kristallitachse a und Magnetfeld H_0,
ε: Winkel zwischen Kristallitachse a und Orientierungsrichtung O,
γ: Azimuth der Kristallitachse a.

Für $\cos \theta_{jk}$ ergibt sich damit (s. Bild 1):

$$\cos \theta_{jk} = \sin \alpha_{jk} \cos \beta \sin \delta' + \cos \alpha_{jk} \cos \delta'. \quad (2)$$

Weiterhin ersetzen wir δ' durch δ, ε und γ (s. Bild 2):

$$\cos \delta' = \sin \delta \cos \gamma \sin \varepsilon + \cos \delta \cos \varepsilon. \quad (3)$$

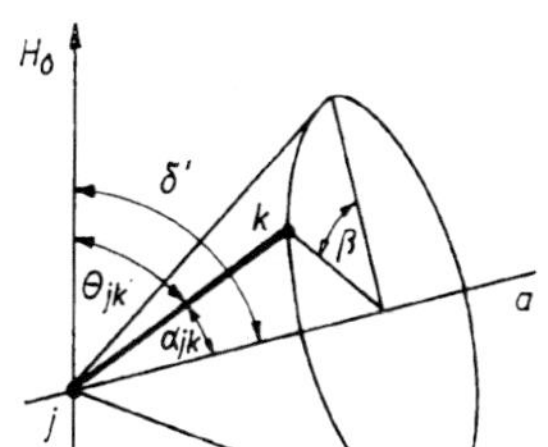

Bild 1. Zur Berechnung von $\cos \theta_{jk}$

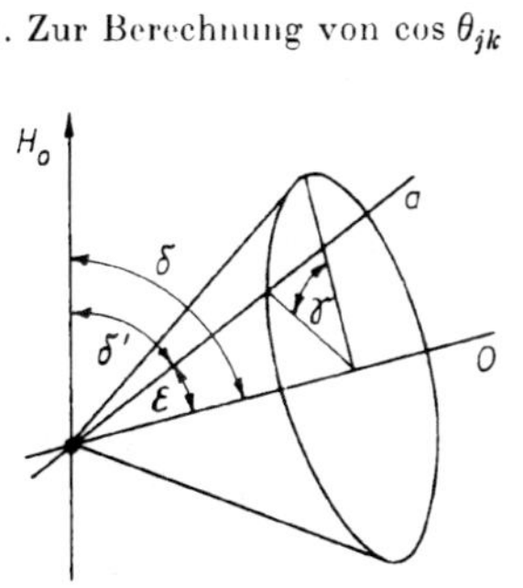

Bild 2. Zur Berechnung von $\cos \delta'$

Da alle Werte der Winkel β und γ gleich wahrscheinlich sind, kann über beide Größen gemittelt werden.

Wir erhalten damit für das zweite Moment:

$$\overline{\Delta H^2} = A_1\left(C_1 \overline{\cos^4 \varepsilon} + C_2 \overline{\cos^2 \varepsilon} + C_3\right) + A_2\left(C_4 \overline{\cos^2 \varepsilon} + C_5\right) + A_3 \quad (4a)$$

mit

$$A_1 = \frac{3}{4} g^2 \mu_K{}^2 \frac{I(I+1)}{N} \times \sum_{j<k} r_{jk}^{-6} \frac{9}{8} (35 \cos^4 \alpha_{jk} - 30 \cos^2 \alpha_{jk} + 3),$$

$$A_2 = -\frac{4}{3} g^2 \mu_K{}^2 \frac{I(I+1)}{N} \times \sum_{j<k} r_{jk}^{-6} \frac{3}{4} (45 \cos^4 \alpha_{jk} - 42 \cos^2 \alpha_{jk} + 5), \quad (4b)$$

$$A_3 = \frac{3}{4} g^2 \mu_K{}^2 \frac{I(I+1)}{N} \times \sum_{j<k} r_{jk}^{-6} \frac{1}{8} (27 \cos^4 \alpha_{jk} - 30 \cos^2 \alpha_{jk} + 11)$$

und

$$C_1 = \frac{1}{8} (35 \cos^4 \delta - 30 \cos^2 \delta + 3),$$

$$C_2 = -\frac{3}{4} (5 \cos^4 \delta - 6 \cos^2 \delta + 1), \quad (4c)$$

$$C_3 = \frac{3}{8} (\cos^2 \delta - 1)^2,$$

$$C_4 = \frac{1}{2} (3 \cos^2 \delta - 1),$$

$$C_5 = -\frac{1}{2} (\cos^2 \delta - 1).$$

Der Winkel ε ist die Abweichung der Lage eines einzelnen Kristalliten von der idealen Orientierungsrichtung. Führt man eine Orientierungsverteilungsfunktion $f(\varepsilon)$ ein, so erhalten die Mittelwerte $\overline{\cos^4 \varepsilon}$ und $\overline{\cos^2 \varepsilon}$ die Form:

$$\overline{\cos^4 \varepsilon} = \int_0^{\pi/2} f(\varepsilon) \cos^4 \varepsilon \sin \varepsilon \, d\varepsilon, \quad (4d)$$

$$\overline{\cos^2 \varepsilon} = \int_0^{\pi/2} f(\varepsilon) \cos^2 \varepsilon \sin \varepsilon \, d\varepsilon.$$

Die Faktoren A_1, A_2, A_3 hängen nur von der Kristallstruktur ab. Die Darstellung in Form der Gleichungen (4) hat daher den Vorteil, daß zur vollständigen Berechnung der Abhängigkeit des zweiten Momentes von der Lage der Probe im Magnetfeld, also vom Winkel δ, die komplizierten Faktoren A_1, A_2, A_3 nur einmal berechnet werden müssen. Die Abhängigkeit von δ ergibt sich aus der wesentlich einfacheren Berechnung der Faktoren C_1 bis C_5.

Für den Fall der ideal orientierten Probe ergibt sich:

$$\overline{\cos^4 \varepsilon} = \overline{\cos^2 \varepsilon} = 1.$$

Damit erhalten wir für die beiden Spezialfälle

$$\delta = 0°: \overline{\Delta H^2} = A_1 + A_2 + A_3$$

und

$$\delta = 90°: \overline{\Delta H^2} = A_3.$$

Für die isotrope Probe gilt:

$$\overline{\cos^4 \varepsilon} = \frac{1}{5}$$

und

$$\overline{\cos^2 \varepsilon} = \frac{1}{3}.$$

Für das zweite Moment folgt daraus:

$$\overline{\Delta H^2} = \frac{1}{5} A_1 + \frac{1}{3} A_2 + A_3$$

$$= \frac{3}{5} g^2 \mu_K{}^2 \frac{I(I+1)}{N} \sum_{j<k} r_{jk}^{-6}. \qquad (5)$$

Das ist genau die von *van Vleck* [5] angegebene Formel für das zweite Moment einer polykristallinen Probe.

Ist die Orientierungsverteilungsfunktion $f(\varepsilon)$ bekannt, so kann der Orientierungsgrad als Halbwertsbreite von $f(\varepsilon)$ definiert werden. Durch Einsetzen von experimentell ermittelten Werten des zweiten Momentes in Gl. (4a) läßt sich die Halbwertsbreite berechnen. Eine reale Orientierungsverteilungsfunktion kann jedoch nicht angegeben werden.

Sinnvoller erscheint daher der von *Kol'cov* und *Vol'kenštejn* [4] vorgeschlagene Weg. Durch Einsetzen von zwei experimentell gemessenen zweiten Momenten für verschiedene Winkel δ in Gl. (4a) erhält man zwei Bestimmungsgleichungen für die Mittelwerte $\overline{\cos^4 \varepsilon}$ und $\overline{\cos^2 \varepsilon}$. Man gelangt damit zu zwei Parametern (im folgenden als Orientierungsparameter bezeichnet), die die Orientierung beschreiben und einen Vergleich zwischen verschieden orientierten Proben gestatten.

2.2. Berücksichtigung des Ordnungsgrades

Bei den bisherigen Betrachtungen wurde nicht berücksichtigt, daß die Struktur der meisten faserbildenden Polymeren weit vom Zustand der idealen Kristallinität abweicht. Das gemessene zweite Moment einer isotropen Probe ist daher kleiner als das aus der Kristallstruktur berechnete, und die Messungen an orientierten Proben führen zu falschen Orientierungsparametern. Die Verkleinerung der zweiten Momente ist auf die geringere Dichte schlecht geordneter Proben zurückzuführen. Der intramolekulare Beitrag zum zweiten Moment und auch die intermolekularen Beiträge zu den Größen A_n können daher als unabhängig vom Ordnungsgrad betrachtet werden. Dagegen sind die entsprechenden intermolekularen Beiträge um so kleiner, je niedriger der Ordnungsgrad ist.

Betrachten wir das Polymere als ein Zweiphasensystem, so setzt sich das gesamte zweite Moment aus dem intramolekularen Beitrag, dem intermolekularen Beitrag des geordneten Anteils und dem intermolekularen Beitrag des ungeordneten Anteils zusammen. Der intermolekulare Beitrag des ungeordneten Anteils ist nicht berechenbar. Ebenso ist die Größe des ungeordneten Anteils unbekannt. Das Gleichungssystem (4a) enthält damit außer den beiden Orientierungsparametern noch zwei weitere Unbekannte. Die Möglichkeit, durch Messungen bei vier verschiedenen Winkeln δ vier Gleichungen zu erhalten, entfällt. Das Gleichungssystem (4a) ist nämlich durch drei Gleichungen vollständig bestimmt. Vier Gleichungen vom Typ (4a) sind stets linear abhängig.

Die einzige Information über den Ordnungsgrad erhalten wir aus der Differenz zwischen dem aus der Kristallstruktur berechneten und dem gemessenen zweiten Moment der isotropen Probe. Da der tatsächliche intermolekulare Beitrag zum zweiten Moment kleiner ist als der berechnete, multiplizieren wir letzteren mit einem Faktor $k < 1$, der sich aus der Beziehung ergibt:

$$\left(\overline{\Delta H^2}\right)_{\text{exp}} = \left(\overline{\Delta H^2}\right)'_{\text{th}} + k\left(\overline{\Delta H^2}\right)''_{\text{th}}. \qquad (6)$$

Hierbei ist $\left(\overline{\Delta H^2}\right)_{\text{exp}}$ das experimentell ermittelte zweite Moment der isotropen Probe, $\left(\overline{\Delta H^2}\right)'_{\text{th}}$ und $\left(\overline{\Delta H^2}\right)''_{\text{th}}$ sind die berechneten intra- bzw. intermolekularen Beiträge zum zweiten Moment der kristallinen isotropen Probe.

Der Faktor k kann nicht unmittelbar physikalisch interpretiert werden. Er ist abhängig von der Größe des ungeordneten Anteils, von der Kristallitgröße und von Gitterstörungen. Alle diese Einflüsse bewirken jedoch, daß die mittleren intermolekularen Abstände in der realen Probe größer sind als in der ideal kristallinen. Wir können daher den Faktor k unmittelbar auf die Größen A_n in Gleichung (4a) übertragen:

$$A_n = A_n' + k A_n''. \qquad (7)$$

A_n' ist der intramolekulare und A_n'' der intermolekulare Beitrag zu A_n. Die Berechnung der Orientierungsparameter erfolgt dann unter Verwendung der auf diese Weise korrigierten Größen A_n.

Bei diesem Verfahren benötigt man zusätzlich zu den bei verschiedenen Winkeln δ gemessenen zweiten Momenten der orientierten Probe auch das zweite Moment der unorientierten Probe. Diese Messung erübrigt sich, wenn man bei drei verschiedenen Winkeln δ mißt. Das zweite Moment der unorientierten Probe erhält man nämlich stets durch eine Linearkombination dreier Gleichungen vom Typ (4a). Mißt man bei den Winkeln 0°, 54°44′ und 90°, so erhält man für das zweite Moment $\left(\overline{\Delta H^2}\right)_{\text{uo}}$ der unorientierten Probe:

$$15\left(\overline{\Delta H^2}\right)_{\text{uo}} = 2\left(\overline{\Delta H^2}\right)_{0°} + 9\left(\overline{\Delta H^2}\right)_{54°44'} + 4\left(\overline{\Delta H^2}\right)_{90°}. \quad (8)$$

3. Experimentelle Ergebnisse

3.1. Polycaproamid

Der Berechnung der zweiten Momente wurde die von *Holmes*, *Bunn* und *Smith* [6] angegebene Elementarzelle der α-Form zugrunde gelegt. Die berechneten Werte der Faktoren A_n sind in Tabelle 1 zusammengestellt.

Für die Lage der Probe im Magnetfeld wurden stets die Winkel 0°, 55° (exakt 54°44′) und 90° zwischen Faserachse und Magnetfeld gewählt. Alle Messungen erfolgten bei −155 °C, um Molekülschwingungen auszuschließen. Es wurden fünf Polycaproamidproben mit den Reckverhältnissen 1:1, 1:2, 1:3, 1:4 und 1:4,5 untersucht[1]).

[1]) Herrn Dr. *K. Dietrich* sei für die Herstellung der Proben gedankt.

Tabelle 1. Die berechneten Faktoren A_n für Polycaproamid

	A_1 [G²]	A_2 [G²]	A_3 [G²]
intramol.	53,4	−52,1	22,8
intermol.	−1,6	− 1,9	8,9

Tabelle 2. Zweite Momente, Orientierungsparameter und Faktor k für fünf Polycaproamidproben

Reckverhältnis	zweites Moment [G²] 0°	55°	90°	$\overline{\cos^4 \varepsilon}$	$\overline{\cos^2 \varepsilon}$	k
1:1	21,7	22,2	22,5	0,25	0,39	0,76
1:2	22,4	22,2	24,1	0,39	0,53	0,83
1:3	23,6	21,6	24,8	0,45	0,56	0,83
1:4	24,0	21,1	25,1	0,49	0,59	0,81
1:4,5	24,1	21,1	25,7	0,55	0,65	0,83

Bild 3 zeigt die Signale der Proben mit den Reckverhältnissen 1:2 bzw. 1:4,5. In Tabelle 2 sind die gemessenen zweiten Momente, die berechneten Orientierungsfaktoren und der Faktor k für die fünf Proben wiedergegeben.

Erwartungsgemäß steigen die Orientierungsparameter mit wachsendem Reckverhältnis an. Aber auch für die am höchsten gereckte Probe liegen die Orientierungsparameter noch weit unter dem Idealwert 1. Auch in dieser Probe ist offensichtlich die Orientierung noch sehr unvollständig. Der Faktor k der ungereckten Probe ist merklich kleiner als der für die gereckten Proben. Offenbar nimmt beim Recken auch der Ordnungsgrad geringfügig zu. Die Differenzen zwischen den Werten von k für die gereckten Proben liegen innerhalb der Fehlergrenzen.

3.2. Polyäthylenterephthalat

Die Berechnung der zweiten Momente erfolgte mit Hilfe der von *Tomašpolskij* und *Markova* [7] mittels Elektronenbeugung gemessenen Strukturparameter. Die berechneten Faktoren A_n sind in Tabelle 3 wiedergegeben.

Die Messungen wurden an drei Proben mit den Reckverhältnissen 1:2, 1:3 und 1:4 unter den gleichen Bedingungen wie bei Polycaproamid durchgeführt. Bild 4 zeigt die Signale der drei Proben. Im Gegensatz zu Polycaproamid treten bei Polyäthylenterephthalat markante Unterschiede in den Linienformen auf. Die Probe mit dem Reckverhältnis 1:4 zeigt für $\delta = 0°$ ein Signal mit dreifachem Nulldurchgang ähnlich einem Zwei-Spin-System [8]. Tatsächlich sind die Protonen der CH_2-Gruppen so weit von den restlichen Protonen entfernt, daß die Voraussetzung des Zwei-Spin-Systems weitgehend erfüllt ist. Allerdings ist die Störung durch die Nachbarprotonen noch so groß, daß der Effekt nur für den Winkel $\delta = 0°$ und hohe Orientierung nachweisbar ist.

Tabelle 3. Die berechneten Faktoren A_n für Polyäthylenterephthalat

	A_1 [G²]	A_2 [G²]	A_3 [G²]
intramol.	21,3	−21,6	11,5
intermol.	−5,7	3,8	4,1

Tabelle 4. Zweite Momente, Orientierungsparameter und Faktor k für drei Polyäthylenterephthalatproben

Reckverhältnis	zweites Moment [G²] 0°	55°	90°	$\overline{\cos^4 \varepsilon}$	$\overline{\cos^2 \varepsilon}$	k
1:2	11,9	11,5	12,6	0,41	0,52	0,82
1:3	11,9	11,3	12,9	0,50	0,60	0,81
1:4	12,0	11,0	13,3	0,63	0,70	0,80

Die Meßergebnisse sind in Tabelle 4 zusammengestellt. Auch hier findet man das erwartete Anwachsen der Orientierungsparameter mit steigendem Reckverhältnis.

3.3. Abschätzung der Meßgenauigkeit

Alle in den Tabellen 2 und 4 wiedergegebenen zweiten Momente sind Mittelwerte von jeweils 10 Einzelmessungen. Aus der Streuung der Einzelmessungen resultiert ein Fehler von $\pm 1\%$. Für die Orientierungsparameter ergibt sich daraus ein Fehler von $\pm 0,04$. Die Regelmäßigkeit, mit der die Orientierungsparameter mit

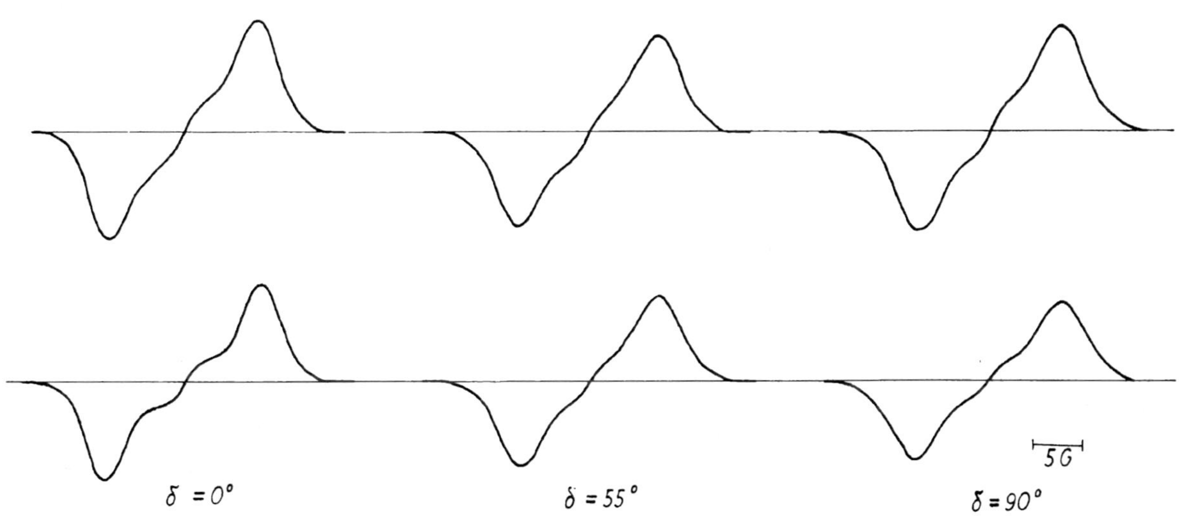

Bild 3. Signale der Polycaproamidproben mit den Reckverhältnissen 1:2 (oben) und 1:4,5 (unten)

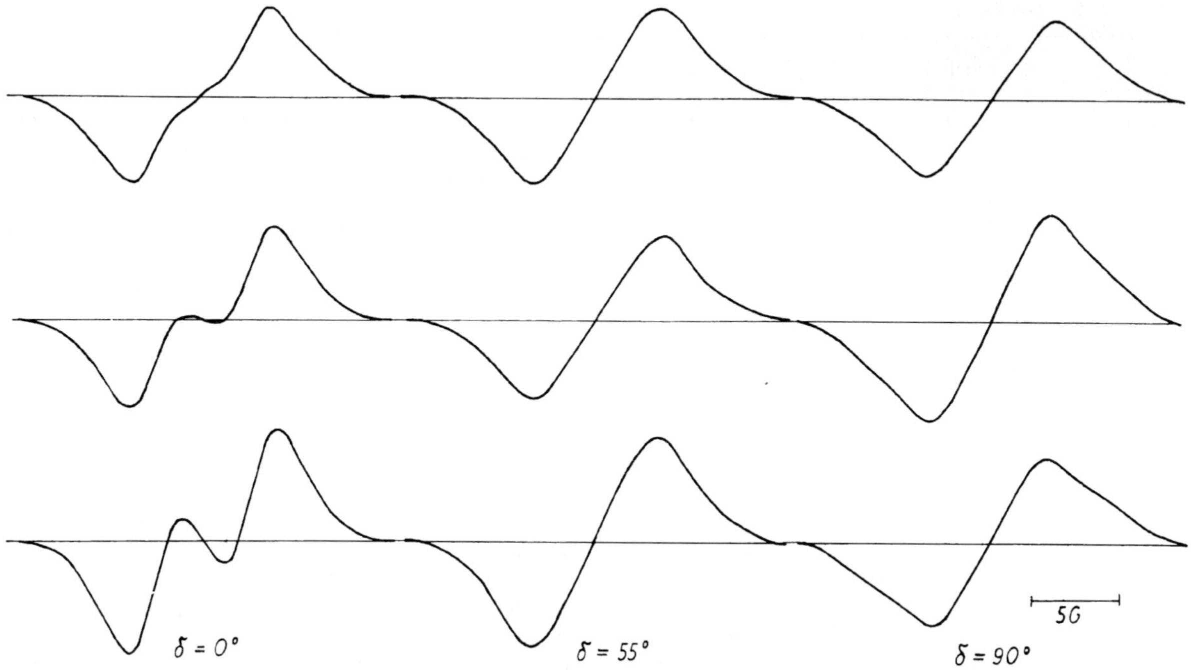

Bild 4. Signale der Polyäthylenterephthalatproben mit den Reckverhältnissen 1:2 (oben), 1:3 (Mitte) und 1:4 (unten)

steigendem Reckverhältnis anwachsen, zeigt jedoch, daß der tatsächliche Fehler kleiner angesetzt werden kann.

Ein weiterer Fehler ergibt sich daraus, daß die Elementarzelle nicht genau bekannt ist. Daher sind die Größen A_n ebenfalls mit Fehlern behaftet. Damit werden aber lediglich alle Orientierungsparameter in gleicher Weise nach höheren oder niedrigeren Werten verschoben. Die Relationen zwischen den für verschiedene Proben gemessenen Orientierungsparametern bleiben erhalten. Dieser Fehler ist daher unwesentlich, wenn man nur die Orientierungsparameter vergleichen will. Zu berücksichtigen ist dieser Fehler nur, wenn man sich für die Absolutwerte der Orientierungsparameter interessiert. Setzen wir für die Größen A_n einen Fehler von 5% an, so erhalten wir für die Orientierungsparameter einen Fehler von 3%.

4. *Schlußbemerkungen*

Es konnte gezeigt werden, daß es durchaus möglich ist, mittels Breitlinien-Kernresonanz quantitative Aussagen über den Orientierungsgrad faserbildender Polymerer zu erhalten. Der Vorteil der beschriebenen Methode ist, daß dabei auch der Ordnungsgrad Berücksichtigung findet. Die bisherigen Messungen führten zu befriedigenden Resultaten. Wegen der erforderlichen hohen Meßgenauigkeit ist allerdings der Zeitaufwand relativ groß.

Es erscheint naheliegend, mit Hilfe der beiden Orientierungsparameter eine Orientierungsverteilungsfunktion näherungsweise zu konstruieren. Eine Anpassung der Orientierungsparameter an die *Kratky*sche Orientierungsverteilungsfunktion [9] führte zu unbefriedigenden Ergebnissen. Über Versuche zur Auffindung einer Verteilungsfunktion wird zu einem späteren Zeitpunkt berichtet werden.

Literatur

[1] *Hyndman, D.*, und *Origlio, W. F.*: Nuclear magnetic resonance in polyethylene and polypropylene fibers. J. Polymer Sci. **39** (1959) S. 556–558.

[2] *Hyndman, D.*, und *Origlio, W. F.*: NMR absorption in TEFLON-fibers. J. appl. Physics **31** (1960) S. 1849–1852.

[3] *Yamagata, K.*, und *Hirota, S.*: Nuclear magnetic resonance absorption of stretched polymers. Rep. Prog. Polymer Physics Japan **5** (1962) S. 236–239.

[4] *Kol'cov, A. I.*, und *Vol'kenštejn, M. V.*: Über die Beurteilung des Orientierungsgrades der Makromoleküle in polymeren Faserstoffen nach der Methode der magnetischen Kernresonanz. Vysokomol. Soed. (Hochmol. Verbind.) **7** (1965) S. 250–254; dt. in: Sowj. Beitr. Faserforsch. Textiltechnik **2** (1965) 7, S. 347–350.

[5] *Van Vleck, J. H.*: The dipolar broadening of magnetic resonance lines in crystals. Physical Rev. **74** (1948) S. 1168 bis 1183.

[6] *Holmes, D. R.*, *Bunn, C. W.*, und *Smith, D. J.*: The crystal structure of polycaproamide: Nylon 6. J. Polymer Sci. **17** (1955) S. 159–177.

[7] *Tomašpolskij, Ju. Ja.*, und *Markova, G. S.*: Elektronenbeugungsuntersuchungen der kristallinen Struktur von Polyäthylenterephthalat mit Hilfe der Fourier-Synthese. Vysokomol. Soed. (Hochmol. Verbind.) **6** (1964) S. 274 bis 280.

[8] *Lösche, A.*: Kerninduktion. Berlin: Dt. Verl. der Wiss. 1957, S. 287 ff.

[9] *Kratky, O.*: Zum Deformationsmechanismus der Faserstoffe. Kolloid-Z. **64** (1933) S. 213–222.

Eingegangen am 12. Oktober 1971

Untersuchung der Bildungsdynamik von Fäden beim Naßspinnprozeß

V. D. Fichman und Ju. A. Vinogradov
Allunions-Forschungsinstitut für synthetische Faserstoffe, Kalinin/UdSSR

DK 677.4:677.021.125.26—913.3:677.021.125.271:532.135:677.021.125.264:532.521

Für die Bewegung eines Fadenbündels und des von ihm mitgerissenen Fällbades beim Spinnen mittels Spinnrohres wurde als Modell die Verschiebung eines Zylinders in einem Rohr gewählt. Auf Basis der *Navier/Stokes*-Gleichung wurden Beziehungen für die Geschwindigkeitsverteilung über den Rohrquerschnitt, die Reibung des Fadens im Fällbad und die Trägheitskraft des vom Faden mitgeführten Fällbades abgeleitet. Für die experimentelle Prüfung der erhaltenen Beziehungen wurde eine Vorrichtung geschaffen. Ein Vergleich experimenteller Werte mit den berechneten ergab eine Differenz von ungefähr 5%, so daß die vorgeschlagene Methode für technische Berechnungen genutzt werden kann. Es wurde festgestellt, daß die Geschwindigkeit der Fadenbildung einen wesentlichen Einfluß auf die Kraft zur Deformation des Strahls an der Düse ausübt.

Исследование динамики волокнообразования при процессе мокрого формования

В качестве модели движения жгута волокон и уносимой им осадительной ванны при формовании в трубке было выбрано перемещение цилиндра в трубе. Исходя из уравнения Навье-Стокса были выведены зависимости для распределения скоростей по диаметру трубы, для трения нити в осадительной ванне и для силы инерции в уносимой нитью осадительной ванне. Для опытной проверки полученных закономерностей была разработана специальная аппаратура. Сравнение опытных данных с расчетными показало разницу приблизительно в 5%, что подтверждает возможность использовать этот метод для технических расчетов. Установлено, что скорость формования оказывает значительное влияние на усилие деформации струи при выходе из фильеры.

Investigation of the Dynamics of Fibre Formation in Wet Spinning

The motion of filament bundles dragging spinning bath liquid in spinning by means of a spinning tube has been simulated by the displacement of a cylinder in a tube. Based on the Navier-Stokes equation expressions were established for the rate distribution in the cross section of the tube, the friction of the filaments in the spinning bath and the inertia of the spinning bath liquid dragged by the filaments. A device has been set up for proofing the expressions obtained. As the deviation of the experimental data from the theoretical values was only about 5%, the method proposed can be applied to engineering calculations. The rate of fibre formation is shown to be essentially related to the force required for the deformation of the filaments at the spinneret.

Einleitung

Die Erhöhung der Spinngeschwindigkeit ist einer der effektivsten Wege zur Intensivierung der Chemiefaserproduktion. Die in der Industrie erreichten Spinngeschwindigkeiten beim Naßspinnverfahren sind ungefähr zehnmal niedriger als die beim Schmelz- oder Trockenspinnverfahren. Allgemein besteht die Meinung, daß ein derartiger Unterschied in den Spinngeschwindigkeiten im wesentlichen durch den größeren Widerstand bedingt ist, der den sich bewegenden Fäden durch die Flüssigkeit (Fällbad) beim Naßspinnverfahren im Vergleich zum Gas beim Trockenspinnen entgegengebracht wird. Zur Verringerung des hydraulischen Widerstandes des Fällbades werden recht häufig Spinnrohre oder andere Vorrichtungen angewandt, die es gestatten, in der Fadenbildungszone eine gerichtete Flüssigkeitsströmung zu schaffen. Jedoch auch beim Spinnen mit Spinnrohr beträgt die Fadengeschwindigkeit maximal 80 bis 100 m/min [1], während im industriellen Maßstab beim Spinnen von Schmelzen bzw. Lösungen nach dem Trockenspinnverfahren Fadengeschwindigkeiten realisiert wurden, die 1000 m/min übersteigen. Deshalb besteht offensichtlich die Notwendigkeit, die Hydrodynamik und Rheologie des Naßspinnprozesses zu untersuchen, wobei das Endziel die Bestimmung quantitativer Gesetzmäßigkeiten der Mechanik des Prozesses und die Ermittlung von Methoden zur Erhöhung der Spinngeschwindigkeit sein sollte.

Eine der Hauptfragen des betrachteten Problems ist die Abhängigkeit der auf den Lösungsstrahl (Faden) in der Fadenbildungszone wirkenden Kräfte von den Prozeßbedingungen. Es ist offensichtlich, daß die Summe dieser Kräfte nicht die Reißfestigkeit des Strahls (Fadens) übertreffen darf.

Die Bilanz der auf den Faden beim Spinnen wirkenden Kräfte kann man in folgender Form schreiben:

$$F_{Ab} = F_O + F_{Tr} + F_R + F_{Rh} \pm G \sin \alpha. \qquad (1)$$

In dieser Beziehung bedeuten:

F_{Ab} = die für das Abziehen des Fadens aus der Fadenbildungszone erforderliche Kraft,
F_O = Kraft, die erforderlich ist zur Überwindung der Oberflächenspannung bei der Bildung der Phasengrenzfläche Faden — umgebendes Medium;
F_{Tr} = Trägheitskraft, die notwendig ist, um die Geschwindigkeit des Fadens und des von ihm mitgerissenen Mediums von v_0 (Ausfließgeschwindigkeit der Lösung aus der Düse) auf v_1 (Abzugsgeschwindigkeit des Fadens aus dem Fällbad) zu verändern;
F_R = Reibungskraft zwischen Faden und umgebendem Medium;
F_{Rh} = die für die Deformation des Lösungsstrahls (Fadens) erforderliche Kraft, die gewöhnlich rheologische Kraft genannt wird [2];
G = Masse der Lösung (des Fadens);
α = Winkel, unter dem der Faden aus dem Fällbad geführt wird.

Beim horizontalen Naßspinnen ist der Beitrag von F_O und G zu F_{Ab} äußerst klein [2, 3], und man kann diese Komponenten bei der Kräftebilanz vernachlässigen.

Eine Analyse der Arbeiten [2 bis 6], die dem hier betrachteten Problem gewidmet sind, zeigt:

a) Zur Berechnung des hydraulischen Widerstandes (F_R) des Fällbades in bezug auf die Bewegung des Fadens sind mehrere Formeln vorgeschlagen worden. Alle Berechnungsverfahren basieren jedoch auf der Betrachtung der Umströmung eines einzigen Zylinders (Fadens) und berücksichtigen nicht die gegenseitige Beeinflussung der Elementarfäden des Fadenbündels.

b) Wie von *K. É. Perepelkin* [2, 3] gezeigt worden ist, sollte beim Naßspinnverfahren die Trägheitskraft des vom Faden mitgeführten Fällbades F_{Tr} einen wesentlichen Beitrag zur Kräftebilanz liefern. Jedoch berücksichtigt die Methode zur Berechnung von F_{Tr}, die auf der Berechnung der Menge des Fällbades aus der Dicke der Flüssigkeitsgrenzschicht um die einzelnen Elementarfäden basiert [2, 3], ebenfalls nicht die Wechselwirkung dieser Fäden im Fadenbündel.

c) Der Kontakt der einzelnen Elementarfäden und der sie umgebenden Grenzschichten führt dazu, daß sich das Fällbad innerhalb des Fadenbündels praktisch mit derselben Geschwindigkeit bewegt wie der Faden und über den größten Teil der Strecke der Fadenbildung mit der Fadenabzugsgeschwindigkeit v_1 [6, 7]. Dieser Tatbestand wurde von uns [8] für die hydrodynamische Analyse der Fadenbildung in einem Spinnrohr herangezogen, bei der als Modell für die Bewegung des Fadens und des von ihm mitgerissenen Fällbades die Verschiebung eines Zylinders mit dem Radius r_0 innerhalb eines Rohres mit dem inneren Radius r_2 angenommen wurde.
Die experimentelle Prüfung einer derartigen Verfahrensweise zur Beschreibung der Hydrodynamik des Fadenbildungsprozesses beruht auf einer Gegenüberstellung der faktischen und der berechneten Werte des Druckabfalles längs des Rohres [9] und dem Flüssigkeitstransport durch das Rohr [10]. Der Unterschied der theoretischen und der experimentellen Werte der genannten Parameter lag innerhalb der Grenzen 10 bis 18%, was ein vollkommen zufriedenstellendes Ergebnis ist, und zuläßt dieses Modell für die Berechnung der wider die Fadenbewegung wirkenden Kräfte anzuwenden.

d) In der Literatur gibt es keinerlei experimentelle oder ausreichend fundierte berechnete Werte über die Größe der rheologischen Kraft F_{Rh} und ihren Anteil an der Gesamtkräftebilanz bei dem Erspinnen von Fäden nach dem Naßspinnverfahren. Dieser Umstand bietet nicht die Möglichkeit, die Richtigkeit beliebiger Methoden zur Berechnung der anderen die Fadenspannung bedingenden Kräfte zu beurteilen.

Ausgehend von dem dargelegten Bearbeitungsstand des Problems waren die Ziele der vorliegenden Arbeit:
die Ausarbeitung von Methoden zur Berechnung von F_R und F_T auf der Grundlage einer vorher durchgeführten Analyse der Hydrodynamik des Fadenbildungsprozesses im Spinnrohr und die experimentelle Prüfung der berechneten und faktischen Größen, wozu natürlich eine experimentelle Bestimmung von F_{Ab} und F_{Rh} notwendig ist.

Berechnung der in der Fadenbildungszone der Fadenbewegung entgegenwirkenden Kräfte

Wie in der Literaturübersicht erwähnt wurde, kann man als Modell für das Spinnen eines Fadenbündels (Kabels) in einem Spinnrohr die Verschiebung eines Zylinders mit dem Radius r_0 innerhalb eines Rohres mit dem Radius r_2 wählen. Nimmt man an, daß die Geschwindigkeit des Zylinders gleich der Fadenabzugsgeschwindigkeit v_1 ist und löst die *Navier/Stokes*-Gleichung, so enthält man das Gesetz für die Verteilung der Flüssigkeitsgeschwindigkeit im Ringspalt zwischen Zylinder und Rohr:

$$v_x = \frac{\Delta p}{4\mu L}\left[\frac{(r_2^2 - r_0^2)\ln\frac{r}{r_0}}{\ln\frac{r_2}{r_0}} - (r^2 - r_0^2)\right] + v_1\frac{\ln\frac{r_2}{r}}{\ln\frac{r_2}{r_0}}; \quad (2)$$

hierbei bedeuten r den laufenden Radius des Rohres, Δp den Druckabfall längs des Rohres, L die Rohrlänge und μ die dynamische Viskosität.

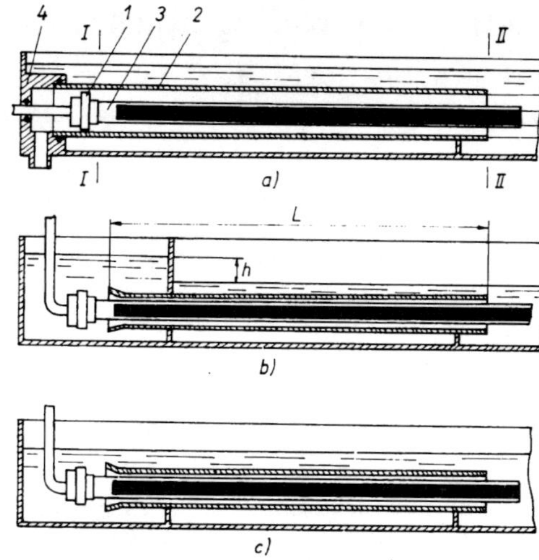

Bild 1. Schema der Fadenbildung im Spinnrohr
a, b — mit Druck, c — drucklos
1 — Düsenpaket, 2 — Spinnrohr, 3 — Faden, 4 — Wanne

Aus Gleichung (2) folgt, daß das Fließen des Fällbades im Spalt zwischen Faden und Rohr die Summe zweier Strömungen darstellt: die durch die Bewegung des Zylinders hervorgerufene Reibungsströmung (Q_R) und die Druckströmung, die durch das Druckgefälle zwischen den Rohrenden bedingt ist (Q_h).

Somit kann die Gesamtmenge des das Rohr durchfließenden Fällbades unter Berücksichtigung des innerhalb des Fadenkabels mitgeführten Fällbades Q_K in folgender Form darstellen:

$$Q = Q_R + Q_h + Q_K.$$

Da $Q_K = A v_1 (r_0^2 - r_1^2 n)$, so ist der Gesamtdurchsatz in allgemeiner Form für den Fall des Spinnens gemäß Schema a (Bild 1)

$$Q = \frac{\pi \Delta p}{8\mu L}\left[r_2^4 - r_0^4 - \frac{(r_2^2 - r_0^2)^2}{\ln\frac{r_2}{r_0}}\right] + \pi v_1\left(\frac{r_2^2 - r_0^2}{2\ln\frac{r_2}{r_0}} - r_1^2 n\right), \quad (4)$$

gemäß Schema b

$$Q = \frac{\pi g h}{8\nu L}\left[r_2^4 - r_0^4 - \frac{(r_2^2 - r_0^2)^2}{\ln\frac{r_2}{r_0}}\right] + \pi v_1\left(\frac{r_2^2 - r_0^2}{2\ln\frac{r_2}{r_0}} - r_1^2 n\right), \quad (5)$$

gemäß Schema c, wenn $h = 0$ ($p = 0$)

$$Q = \pi v_1\left(\frac{r_2^2 - r_0^2}{2\ln\frac{r_2}{r_0}} - r_1^2 n\right), \quad (6)$$

wobei h die Druckhöhe, v die kinematische Viskosität, r_1 den Radius eines Elementarfadens, n die Anzahl der Fäden im Fadenbündel und g die Erdbeschleunigung darstellen.

Wenn die Druckdifferenz Δp in Gleichung (2) durch den Durchsatz an Fällbad ausgedrückt wird, so nimmt das Gesetz für die Geschwindigkeitsverteilung der Fällbadbewegung im Ringspalt folgende Form an:

$$v_x = \frac{2(Q - \pi v_1 b)}{\pi a} \left[\frac{(r_2^2 - r_0^2) \ln \frac{r}{r_0}}{\ln \frac{r_2}{r_0}} - (r^2 - r_0^2) \right] + v_1 \frac{\ln \frac{r_2}{r}}{\ln \frac{r_2}{r_0}}, \tag{7}$$

wobei

$$a = r_2^4 - r_0^4 - \frac{(r_2^2 - r_0^2)^2}{\ln \frac{r_2}{r_0}}; \quad b = \frac{r_2^2 - r_0^2}{2 \ln \frac{r_2}{r_0}} - r_1^2 n. \tag{8}$$

Reibungskraft (F_R)

Die auf die Oberfläche eines Zylinders mit dem Radius r_0 bei laminarer Strömung des Fällbades durch das Rohr bezogene Reibungskraft ist

$$\tau = \mu \left(\frac{dv_x}{dr} \right)_{r = r_0} \tag{9}$$

und die Reibungskraft

$$F_R = \int_0^L 2\pi r_0 \tau A \, dL = 2\pi \mu L A \times \left[\frac{2(Q - \pi v_1 b)}{\pi a} \left(\frac{r_2^2 - r_0^2}{\ln \frac{r_2}{r_0}} - 2 r_0^2 \right) - v_1 \frac{1}{\ln \frac{r_2}{r_0}} \right], \tag{10}$$

wobei A ein Koeffizient ist, der die reale Form der Zylinderoberfläche berücksichtigt.

Die Einführung des Koeffizienten A ist deshalb notwendig, da der reale Umfang des spinnenden Fadenbündels nicht gleich $2\pi r_0$ ($A = 1$) ist. Im Grenzfall, wenn der Faden aus dicht aneinander gedrückten Elementarfäden besteht, so ist $A = \pi/2$. Somit müssen die Werte von A zwischen 1 und 1,57 liegen und um so größer sein, je dichter die Elementarfäden zueinander angeordnet sind, d. h., je kleiner der Abstand der Düsenbohrungen ist.

Trägheitskraft F_{Tr}

Die Menge des vom Faden mitgerissenen Fällbades setzt sich aus einem Reibungsanteil Q_R und der innerhalb des Zylinders transportierten Flüssigkeit Q_K zusammen. Dementsprechend ergibt sich für die Trägheitskraft

$$F_{Tr} = F_{Tr,R} + F_{T,K}. \tag{11}$$

Die Arbeit, die erforderlich ist, um dem innerhalb des Zylinders mitgerissenen Medium die Geschwindigkeit v_1 zu erteilen, ist gleich dem Zuwachs an kinetischer Energie im Bereich I—II (Bild 1):

$$F_{Tr,K} \cdot L = \frac{m_K \cdot v_{2K}^2}{2} - \frac{m_K \cdot v_{1K}^2}{2}, \tag{12}$$

wobei v_{1K} und v_{2K} die mittlere Fällbadgeschwindigkeit innerhalb des Zylinders im Querschnitt I—I und II—II darstellt. Bei gleichmäßig beschleunigter Fällbadbewegung gilt:

$$L = \frac{v_{2K} + v_{1K}}{2} \cdot t \tag{13}$$

(t = Verweilzeit des Fadens im Spinnrohr). Aus (12) und (13) erhalten wir

$$F_{Tr,K} = \frac{m_K}{t} (v_{2K} - v_{1K}) = \varrho Q_K (v_{2K} - v_{1K}), \tag{14}$$

wobei ϱ die Dichte des Fällbades darstellt.

Analog erhalten wir auch für $F_{Tr,R}$

$$F_{Tr,R} = \varrho Q_R (v_{2R} - v_{1R}). \tag{15}$$

Führt man die mittleren Geschwindigkeiten der Flüssigkeit

$$v_{1K} = v_{1R} = \frac{Q - Q_K}{\pi (r_2^2 - r_0^2)}; \quad v_{2K} = v_1; \; v_{2R} = \frac{Q_R}{\pi (r_2^2 - r_0^2)} \tag{16}$$

ein, so erhält man den Ausdruck für die Trägheitskraft in der Endform:

$$F_{Tr} = \varrho Q_K \left[v_1 - \frac{Q - Q_K}{\pi (r_2^2 - r_0^2)} \right] + \varrho Q_R \left[\frac{Q_R}{\pi (r_2^2 - r_0^2)} - \frac{Q - Q_K}{\pi (r_2^2 - r_0^2)} \right]. \tag{17}$$

Experimenteller Teil

Das Schema der Spinnvorrichtung ist in Bild 2 gezeigt. Die Spinnlösung wird aus dem Vorratsbehälter 1 mittels Preßluft unter konstantem Druck der Zahnradpumpe 2 zugeführt und von hier durch die beheizte Filterkerze 3, der biegsame Gummischlauch 4 und die Spinnpfeife 5 zur Düse

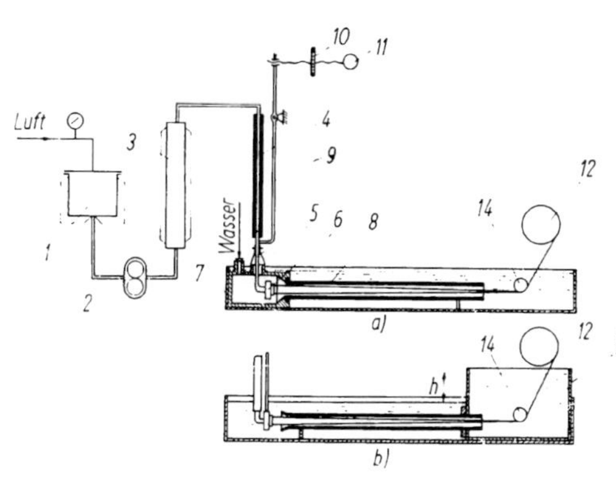

Bild 2. Schema der Vorrichtung für die hydrodynamischen Untersuchungen:
1 — Vorratsbehälter, 2 — Pumpe, 3 — Filterkerze, 4 — Gummiröhrchen, 5 — Spinnpfeife, 6 — Düsenpaket, 7 — Kammer, 8 — Spinnrohr, 9 — Hebel, 10 — Mikrometerschraube, 11, 14 — Geber der Tensometer, 12 — Abzugsgalette, 13 — Druckkammer

gedrückt, die im Düsenpaket 6 montiert ist. Die Spinnpfeife mit dem Düsenpaket ist in einer speziellen Kammer 7 für die Zuführung des Fällbades montiert, an deren einem Ende das Spinnrohr 8 befestigt ist. An der Spinnpfeife ist der untere Arm des Hebels 9 befestigt, dessen Achse sich frei in einem Lager drehen kann. Der obere Arm ist über die Mikrometerschraube 10 mit dem Meßelement des Gebers eines elektronischen Tensometers 11 verbunden. Zur Erhöhung der Empfindlichkeit und Erweiterung des Meßbereiches kann das Hebelarmverhältnis auf 2:1 oder 3:1 eingestellt werden.

Die Anwendung eines biegsamen Rohres und einer leicht beweglichen Dichtung zwischen Spinnpfeife und Kammer gestattet es, die vom Faden auf die Düse während des Spinnens ausgeübte Kraft zu messen.

Vor Beginn des Spinnprozesses wurde bei arbeitender Pumpe und freiem Ausfließen der Lösung durch die Düse ins Fällbad mittels der Mikrometerschraube eine Spannung des oberen Hebelarms erzeugt. Die vorgegebene Kraft betrug 20 bis 30 p. Anschließend wurde der Faden über die Führung des Gebers eines anderen elektronischen Tensometers 14 zur Abzugsgalette 12 geführt. Die Umdrehungsgeschwindigkeit der Galette wurde mit Hilfe eines stufenlos regulierbaren Getriebes variiert. Nachdem sich bei vorgegebenen Spinnparametern zuverlässige stationäre Bedingungen eingestellt hatten, wurden die Meßwerte registriert. Die Abweichungen der bei verschiedenen Versuchen bestimmten Kräfte lagen unter 10%. Die Versuche wurden am Beispiel des Spinnens 20%iger Lösungen von Polyvinylchlorid (*Fikentscher*-Konstante = 70) in Dimethylformamid (DMF) durchgeführt. Da die vorliegende Arbeit nicht das Ziel hatte, Fäden mit hohen textilphysikalischen Kennziffern zu erzeugen, wurde als Fällbad hauptsächlich Wasser angewandt. In einigen Versuchen wurden als Fällbäder Gemische aus Wasser und DMF eingesetzt. Diese Fälle werden unten speziell genannt. Es wurden Platindüsen angewandt, deren Bodendurchmesser 12,5 mm betrug; die Anzahl der Bohrungen und deren Durchmesser war: 300/0,08 und 1500/0,04. Als Ausfließgeschwindigkeiten der Spinnlösung sowie als Fadenabzugsgeschwindigkeit wurden jene genommen, für die in unseren früheren Arbeiten die Werte des Zylinderradius r_0 bestimmt worden waren [9, 10]. Bei allen Versuchen war die Ausfließgeschwindigkeit der Lösung v_0 gleich v_1.

Experimentelle Ergebnisse

In Bild 3 ist für die Größen F_{Ab} und F_{Rh} die Abhängigkeit von der Abzugsgeschwindigkeit bei drucklosem Spinnen in Spinnrohre mit unterschiedlichem Durchmesser gemäß dem in Bild 2a gezeigten Schema graphisch dargestellt. Wie aus der Abbildung hervorgeht, nehmen die Fadenspannung und die rheologische Kraft im untersuchten Geschwindigkeitsbereich linear mit Erhöhung von v_1 zu: und zwar F_{Ab} um so mehr, je größer der Rohrdurchmesser ist. Wie man sieht, ist im vorliegenden Versuch F_{Rh} eine Hauptkomponente von F_{Ab}. Es sei darauf hingewiesen, daß die Größe F_{Rh} nicht vom Durchmesser des Spinnrohres abhängt, d. h. von den hydrodynamischen Spinnbedingungen. Dieselbe Schlußfolgerung ist bei der Betrachtung der Ergebnisse hinsichtlich des Einflusses der Fällbadzuführung ins Rohr zu ziehen (Bild 4). Mit Erhöhung von Q verringert sich die Fadenspannung, aber F_{Rh} bleibt konstant. Diese Ergebnisse stehen mit den Daten der Arbeit [6] in Widerspruch, in der F_{Rh} als Differenz zwischen den experimentellen F_{Ab}-Werten und den berechneten Werten der Reibungs- und Trägheitskraft bestimmt wurde und wesentlich von den hydrodynamischen Spinnbedingungen abhing. Deshalb wurden spezielle Spinnversuche mit unterschiedlicher Stauhöhe des Fällbades am Ausgang des Spinnrohres (s. Bild 2b) durchgeführt, d. h. es wurde der Faden im Fällbadgegenstrom erzeugt. Die erhaltenen Ergebnisse sind in Bild 5

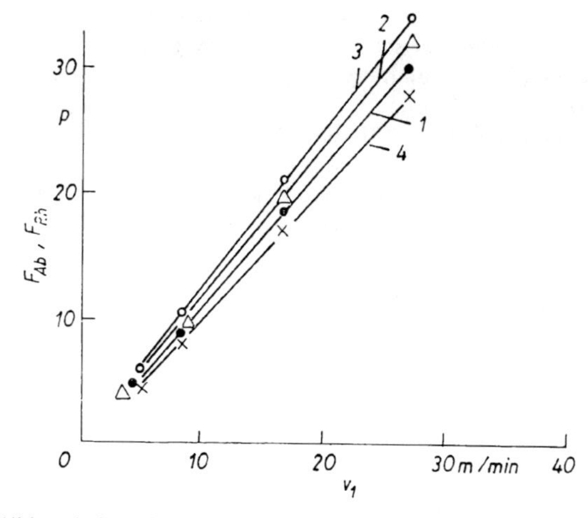

Bild 3. Abhängigkeit der Abzugskraft (1 bis 3) und der rheologischen Kraft (4) bei drucklosem Spinnen unter Anwendung der Düse 1500/0,04 von der Abzugsgeschwindigkeit des Fadens

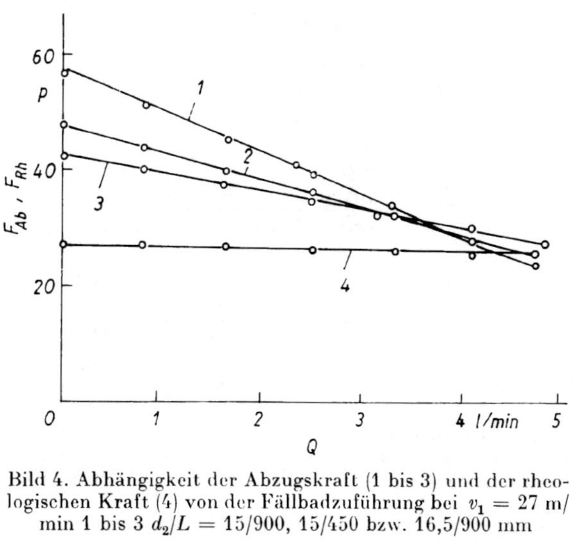

Bild 4. Abhängigkeit der Abzugskraft (1 bis 3) und der rheologischen Kraft (4) von der Fällbadzuführung bei $v_1 = 27$ m/min 1 bis 3 $d_2/L = 15/900$, 15/450 bzw. 16,5/900 mm

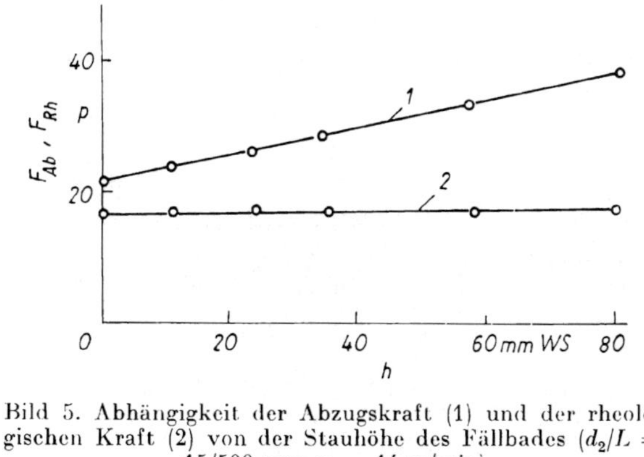

Bild 5. Abhängigkeit der Abzugskraft (1) und der rheologischen Kraft (2) von der Stauhöhe des Fällbades ($d_2/L = 15/500$ mm, $v_1 = 14$ m/min)

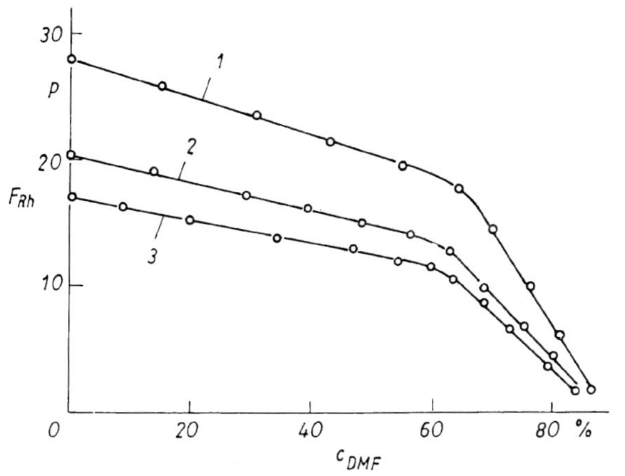

Bild 6. Abhängigkeit der rheologischen Kraft von der DMF-Konzentration des Fällbades
1,2 — Düse 1500/0,04, v_1 = 27 bzw. 14 m/min; 3 — Düse 300/0,08, v_1 — 33 m/min

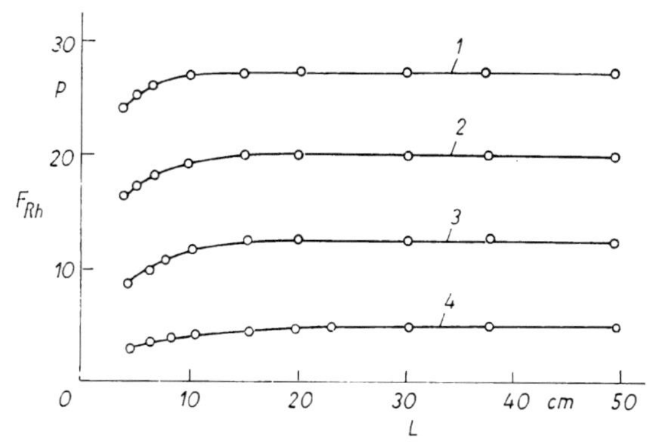

Bild 7. Abhängigkeit der rheologischen Kraft von der Fällbadstrecke: 1 bis 4 — DMF-Konzentration im Fällbad 0, 55, 72 bzw. 82%

wiedergegeben; sie zeigen die völlige Unabhängigkeit der Größe F_{Rh} von den Fließbedingungen des Fällbades.

Auf Grund all dieser experimentellen Daten kann man behaupten, daß F_{Rh} nicht von den hydrodynamischen Bedingungen beim Spinnen abhängt.

Der wichtigste Parameter des Naßspinnprozesses ist der Lösungsmittelgehalt des Fällbades, der die Geschwindigkeit der Bildung des Gelfadens bestimmt. Wie aus Bild 6 ersichtlich ist, führt eine Erhöhung des DMF-Gehaltes im wäßrigem Fällbad zu einer merklichen Erniedrigung der rheologischen Kraft und einer entsprechenden Erniedrigung der Fadenspannung vor der Abzugsgalette. Die Abhängigkeit der Größe F_{Rh} von den Fällbedingungen für das Polymere kann in erster Linie durch die Änderung des Fadenbildungsweges und demzufolge durch die Änderung des Geschwindigkeitsgradienten der einachsigen Dehnung des Flüssigkeitsstrahls bedingt sein. Wenn dies der Fall ist, so kann man, wenn man die Fällbadstrecke ändert, anhand der Größe F_{Rh} den Abstand zwischen Düse und Gelpunkt einschätzen. Bei der Bestimmung des zwischen F_{Rh} und der Fällbadstrecke bestehenden Zusammenhanges wurden die Spinnversuche ohne Rohr durchgeführt, und die Weglänge des Fadens im Fällbad wurde mit Hilfe eines Glasstäbchens geändert, das in verschiedenen Abständen von der Düse angebracht wurde.

Wenn die Gelbildung nicht völlig beendet und der Faden plastisch ist, so führt die Reibung am Stab zu einer Dehnung des Fadens zwischen Stab und Abzugsgalette, die Geschwindigkeit des Lösungsstrahls von der Düse bis zum Stab wird herabgesetzt und folglich verringert sich F_{Rh}. Wie aus Bild 7 hervorgeht, wächst F_{Rh} mit zunehmendem Abstand zwischen Düse und Glasstab zunächst an und wird dann konstant. Der Punkt, an dem F_{Rh} einen konstanten Wert erreicht, stellt auf Grund der oben angeführten Überlegungen den Zeitabschnitt dar, in dem unter den vorgegebenen Bedingungen ein nicht deformierbares Gel gebildet wird. Mit Erhöhung des DMF-Gehaltes im Fällbad nimmt die Länge des Weges (der Zeit) für die Gelbildung von 10 mm für Wasser als Fällungsmittel bis auf 20 bis 25 mm für ein 82% DFM enthaltendes wäßriges Fällbad zu.

Die Fadenspannung steigt hierbei um 5- bis 6mal an, d. h., sie ändert sich um mehr als zweimal stärker als der Geschwindigkeitsgradient der einachsigen Dehnung. Dies Ergebnis weist darauf hin, daß die Deformation des flüssigen Strahls der PVC-Lösung bei unseren Versuchen im nicht-*Trouton*schen Bereich stattfindet, in dem die Längsviskosität mit Erhöhung der Deformationsgeschwindigkeit zunimmt [11]. Eine eingehendere Betrachtung des Zusammenhanges zwischen F_{Rh} und den Bedingungen für die Ausfällung des Polymeren würde über den Rahmen der vorliegenden Arbeit hinausgehen und erfordert unbedingt zusätzliche Untersuchungen.

Die in den Bildern 3 und 4 dargestellten Ergebnisse gestatten eine Bestimmung der Kräfte des Mediums, die der Fadenbewegung entgegenwirken. In Übereinstimmung mit der Kräftebilanz ist:

$$F_R + F_{Tr} = F_{Ab} - F_{Rh}.$$

Um die Richtigkeit der für die Berechnung von F_R und F_{Tr} abgeleiteten Formeln zu prüfen, ist eine getrennte Bestimmung dieser Kräfte erforderlich. Für F_R kann man dies realisieren, indem man die Abhängigkeit von F_{Ab} für zwei Spinnrohre gleichen Durchmessers und unterschiedlicher Länge vergleicht. Hierbei sollte die Länge des kurzen Rohres keineswegs kleiner sein als der Abstand zwischen Düse und jenem Punkt, nach dem sich die Fadengeschwindigkeit und F_{Tr} nicht mehr ändern (Bild 7). In diesem Falle stellt die Differenz der Fadenspannungen die Reibungskraft dar, die auf dem Wege wirkt, der gleich den Längenunterschied der verglichenen Spinnrohre ist. Durch ein direktes Verfahren der Bestimmung von F_R können auch andere mögliche Faktoren ausgeschlossen werden, die die Fadenspannung bedingen: Kräfte der Oberflächenspannung und hydraulische Effekte am Ein- und Ausgang des Rohres. Nachdem man in dieser Weise F_R bestimmt hat, kann man die berechnete Größe F_R mit der Differenz $F_{Ab} - (F_{Rh} + F_{Tr})$ vergleichen.

Die Ergebnisse der Berechnungen und der Vergleich mit den experimentellen Daten sind in Tabelle 1 enthalten. Aus der Tabelle ist ersichtlich, daß die größte

Tabelle 1. Vergleich der theoretischen und experimentellen Parameter der Fadenspannung

Fadenabzugsgeschwindigkeit v_1, m/min	Durchmesser/Länge des Rohres, mm	experimentelle Parameter					theoretische Parameter							
		Fadenabzugskraft $F_{Ab,exp}$ p	Rheologische Kraft $F_{Rh,exp}$ p	$F_{1,exp.} = F_{Ab,exp.} - F_{RT,exp.}$ p	Reibungskraft $F_{R,exp.}$ p	Trägheitskraft $F_{Tr,exp.}$ p	Reibungskraft $F_{R,th.}$ p	Trägheitskraft $F_{Tr,th.}$ p	$F_{1,th.} = F_{R,th.} - F_{Tr,th.}$ p	$A_{exp.} = \frac{F_{R,exp.}}{F_{R,th.}}$	$\frac{F_{Tr,exp.} - F_{Tr,th.}}{F_{Tr,th.}} \cdot 100\%$	$\frac{F_{1,exp.} - F_{1,th.}}{F_{1,th.}} \cdot 100\%$; $A = 1$	Reibungskraft $F_{R,th.}$ bei $A_{exp.}$ p	$\frac{F_{1,exp.} - F_{1,th.}}{F_{1,th.}} \cdot 100\%$; $A_{exp.}$
							Düse 1500/0,04							
27	15/900	57,5	28	29,5	20,4	9,1	15,6	7,9	23,5	1,31	15,2	25,6	21,2	1,3
	15/450	47,3	28	19,3	10,2	9,1	7,8	7,9	15,7	1,31	15,2	22,8	10,6	4,3
	16,5/900	42,9	28	14,9	8,4	6,9	6,0	6,4	12,4	1,4	7,8	20	8,1	2,8
							Düse 300/0,08							
33	15/900	52,2	20,5	31,7	22,6	9,1	20,2	8,1	28,3	1,11	12,3	12,0	22,6	3,2
20	15/450	31,6	13,5	18,1	14,5	3,6	12,3	3,2	15,5	1,12	15,1	12,9	14,4	2,9

Index: exp. = experimentelle Parameter th. = berechnete (theoretische) Parameter

Abweichung zwischen den experimentellen und den berechneten Daten für die Reibungskraft zu verzeichnen ist; der Unterschied beträgt 10 bis 14%. Diese Differenz erklärt sich dadurch, daß in den Berechnungen der Reibungskraft der Formfaktor gleich eins gesetzt wurde. Wie oben bereits erwähnt wurde, ist der Formfaktor in einem realen Modell größer. Ferner geht aus Tabelle 1 hervor, daß der Mittelwert des Formfaktors beim Spinnen unter Anwendung der Düse 1500/0,04 1,35 beträgt, während beim Spinnen mit der Düse 300/0,08 $A = 1{,}11$ ist. Derartige Werte für den Formfaktor des Fadens erscheinen uns völlig vernünftig.

Die Differenz zwischen den experimentellen und den berechneten Trägheitskräften übersteigt nicht 16%, was auf die recht gute Übereinstimmung von Theorie und Experiment hinweist.

Die Abweichung der tatsächlichen Werte der Gesamtkraft für das Abziehen des Fadens von den theoretischen hängt in starkem Maße von der Größe der rheologischen Kraft ab, die sich mit der Variation der Fällbadzusammensetzung ändert. Deshalb hat es nur Sinn, von einer Abweichung für die Summe der Reibungs- und Trägheitskraft zu sprechen.

Die Differenz zwischen den experimentellen und den berechneten Werten der Summe der Trägheits- und Reibungskraft ohne Berücksichtigung des Formfaktors ist 26%. Bei Berücksichtigung des Formfaktors ist die Differenz erheblich kleiner und übersteigt in diesem Falle nicht 5%, d. h., sie liegt innerhalb derselben Grenzen, die auch für andere früher bestimmte Größen (Druckabfall, Fällbaddurchsatz durch das Spinnrohr) gefunden wurden [9, 10].

Über das quantitative Verhältnis der Komponenten der Kräftebilanz läßt sich schwer etwas sagen, da es von den hydrodynamischen Spinnbedingungen und den Parametern abhängt, die die Geschwindigkeit der Ausfällung des Polymeren bestimmen.

Somit liefert das für die Berechnung der verschiedenen hydrodynamischen Parameter des Spinnprozesses vorgeschlagene Schema hinreichend genaue Ergebnisse für praktische Berechnungen und deckt die qualitative Wechselbeziehung der einzelnen Parameter auf, die den Naßspinnprozeß bei Anwendung eines Spinnrohres charakterisieren.

Zusammenfassung

1. Es wurde eine Vorrichtung für die Bestimmung der für die Deformation des Lösungsstrahls beim Naßspinnprozeß erforderlichen Kraft (rheologischen Kraft) entwickelt.
2. Es wurde gezeigt, daß die rheologische Kraft nicht von den Bedingungen der Fällbadbewegung in der Fadenbildungszone abhängt, aber durch die Abzugsgeschwindigkeit des Fadens und die Geschwindigkeit der Ausfällung des Polymeren bestimmt wird.
3. Unter harten Fällbedingungen ist die rheologische Kraft eine Hauptkomponente der für den Abzug des Fadens aus der Fadenbildungszone erforderlichen Kraft.
4. Es wurden Formeln für die Berechnung der Reibungs- und Trägheitskraft beim Spinnen unter Anwendung eines Spinnrohres vorgeschlagen. Die Differenz zwischen den experimentellen und berechneten Werten für F_R und F_{Tr} übersteigt nicht 5%.

Literatur

[1] JaP 22204/69. High speed spinning method. Asahi Chem. vom 20. 10. 66. Int. Kl.: D01d 5/00.

[2] *Perepelkin, K. E.*: Die wichtigsten dynamischen und kinematischen Gesetzmäßigkeiten der Erspinnungsprozesse von Chemiefaserstoffen. Chim. Volokna (Chem. Fasern) (1968) 1, S. 3—12; dt. in: Sowj. Beitr. Faserforsch. Textiltechnik **5** (1968) 6, S. 281—292.

[3] *Perepelkin, K. E.*: Einige Gesetzmäßigkeiten der Mechanik (Hydrodynamik) des Spinnvorganges von Chemiefasern. Chim. Volokna (Chem. Fasern) (1964) 3, S. 1—6; dt. in: Sowj. Beitr. Faserforsch. Textiltechnik **1** (1964) 3. S. 115—122.

[4] *Ziabicki, A.*: Physikalische Grundlagen des Spinnvorganges von Chemiefasern. Chim. Volokna (Chem. Fasern) (1964) 2, S. 8–19.
[5] Faserstoffe aus synthetischen Polymeren (russ.) Hrsg. von R. Hill. Moskva: Izdatinlit 1957.
[6] *Brinegar*, W. T., und Epstein, *M. E.*: Amer. chem. Soc. Polymer Preprints 7 (1966) 2, S. 805.
[7] *Barnitzke*, W., und *George, J.*: Methode zur Bestimmung der Fadengeschwindigkeit bei der Erspinnung von Regeneratfäden. Faserforsch. u. Textiltechnik **14** (1963) 7, S. 294–296.
[8] *Vinogradov, Ju. A.*, und *Fichman, V. D.*: Theoretische Analyse der Hydrodynamik des Erspinnens von Fäden im Rohr. Chim. Volokna (Chem. Fasern) (1971) 2, S. 23 bis 25.
[9] *Vinogradov, Ju. A.*, und *Fichman, V. D.*: Experimentelle Untersuchung der Hydrodynamik des Erspinnens von Faserstoff im Spinnrohr. Chim. Volokna (Chem. Fasern) (1971) 3, S. 8–11.
[10] *Vinogradov, Ju. A.*, und *Fichman, V. D.*: Bestimmung der durch das Elementarfadenkabel beim Erspinnen im Rohr mitgerissenen Flüssigkeitsmenge. Chim. Volokna (Chem. Fasern) (1971) 4, S. 15–17.
[11] *Vinogradov, G. V.*, *Fichman, V. D.*, *Raduškevič, B. V.*, *Malkin, A. Ja.* (Schreibw. im engl. Original: Fikhman, V. D., Radushkevich, B. V., Malkin, A. Ya.): Viskoelastizität und Relaxationseigenschaften einer Polystyrolschmelze bei axialer Dehnung. J. Polymer Sci., A 2: Polymer Physics 8 (1970) 5, S. 657–678.

Eingegangen am 15. September 1971

Eigenschaften der Mischgarne aus Polyester- und Cellulosefasern

Luigi Szegö

Chatillon S. P. A., Milano — Italien

DK 677.494.674:677.21:677–168.21:677.017.2/.7:677.017.8

Die Auswahl der geeigneten Typen der beiden Fasergruppen zur Mischung hängt, dem Endzweck entsprechend, von einer Reihe von Faktoren ab; das Hauptaugenmerk ist jedoch im allgemeinen auf die Festigkeit des Mischgarnes gerichtet. In der Arbeit wird gezeigt, auf welche Weise es möglich ist, bei Kenntnis der Kurven der Einzelfasern rechnerisch die Garnfestigkeit vorauszubestimmen. Auf diese Art ist es möglich, optimale Verhältnisse bei der Herstellung der Mischgarne für verschiedene Mischungsverhältnisse zu schaffen. Die berechneten Werte werden durch Messungen an einer Anzahl von Mischgarnen belegt.

Свойства пряжи из смеси полиэфирных и целлюлозных волокон

Выбор подходящих для смешения типов обоих видов волокон зависит оцтелого ряда факторов и соответствует, в конечном счете, предназначению пряжи, однако основное внимание уделяется, как правило, прочности смешанной пряжи. В настоящей работе показана возможность предварительного расчетного определения прочности пряжи на основе известных кривых для единичных волокон. Таким образом возможно создать оптимальные условия для получения пряжи из смесей с различным содержанием отдельных компонентов. Расчетные значения подтверждены измерениями на различных образцах пряжи из смесей волокон.

Properties of Blended Yarns of Polyester and Cellulose Fibres

The suitability of constituent fibres depends, corresponding to the end-use, on various factors, the most important being generally the strength of the blended yarn. Various approaches to the calculation of the yarn strength based on the strength of individual fibres are presented, which allow to establish optimum conditions for the production of blended yarns having various component ratios. The calculations are supported by experimental data obtained with various blended yarns.

Einleitung und Problemstellung

Bekanntlich werden Gewebe für Wäscheartikel, insbesonders für Hemden- und Blusenstoffe, nie aus reiner Polyesterfaser hergestellt, da diese Faser wegen ihres wasserabweisenden Charakters ein unangenehmes Tragegefühl verursacht. Die äußerst geringe Wasseraufnahme des Polyesters (etwa 0,6%) gibt den Anlaß, diese Gewebe aus innigen Gespinstmischungen mit anderen hydrophilen Fasern herzustellen, um auf diese Weise die Hydrophobie der Polyesterfaser zu kompensieren. Dazu werden im allgemeinen Cellulosefasern verwendet.

Abgesehen von den für die Bekleidungsphysiologie triftigen Gründen, erzielt man mit der Mischung von Polyester- und Cellulosefasern verbesserte Eigenschaften des „wash and wear"-Verhaltens, der leichten Pflege, der Scheuerfestigkeit, der Gebrauchstüchtigkeit usw. der Textilien. Die Zugfestigkeit der Mischgarne hängt in erster Linie vom Mischungsverhältnis und ganz besonders von der Auswahl der Mischungspartner ab.

Derzeit gibt es zahlreiche Typen von Polyester- und von Cellulosefasern im Handel, so daß die Auswahl nicht ganz einfach ist. In diesem Zusammenhang sind in den letzten Jahren mehrere Veröffentlichungen erschienen [1 bis 6], die aber dieses Problem nur qualitativ behandeln, ohne auf Einzelheiten der Auswahl und der Berechnung der prinzipiell erreichbaren physikalischen Eigenschaften der Mischung einzugehen. In dieser Beziehung sollen als besonders interessant einige in dieser Zeitschrift erschienene Beiträge erwähnt werden [7, 8] die das Problem vom allgemeinen Standpunkt behandeln, insbesondere zur Erzielung von optimalen Mischungen zwischen Wolle, Zellwolle und Polyesterfaser, ohne aber die verschiedenen Typen der einzelnen Faserklassen zu berücksichtigen.

Bei Kenntnis des Spannungs-Dehnungs-Diagramms der zur Auswahl vorliegenden Fasern ist es nun möglich, eine richtige Auswahl der Mischungspartner vorzunehmen und die Festigkeit des Mischgarnes zu berechnen. Auf den ersten Blick erscheint es, daß der Elastizitätsmodul der Fasern ausschlaggebend sei, d. h., daß die Differenz dieses an den Mischungspartnern gemessenen Parameters möglichst klein sein soll. Diese Gesetzmäßigkeit ist zwar vom theoretischen Standpunkt aus richtig, bietet aber keine genügende Grundlage zur Aus-

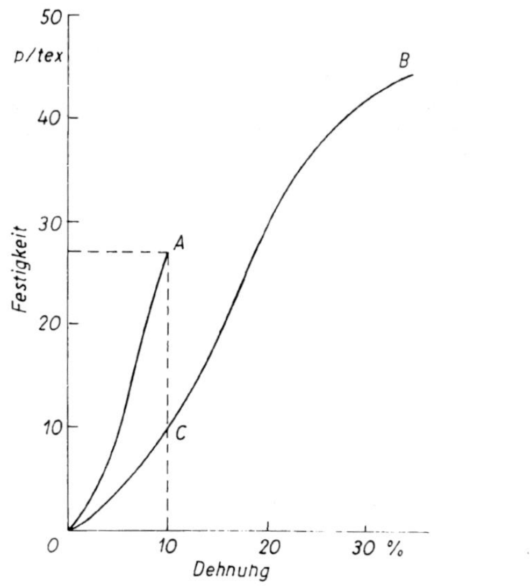

Bild 1. Spannungs-Dehnungs-Diagramm der Fasern A und B

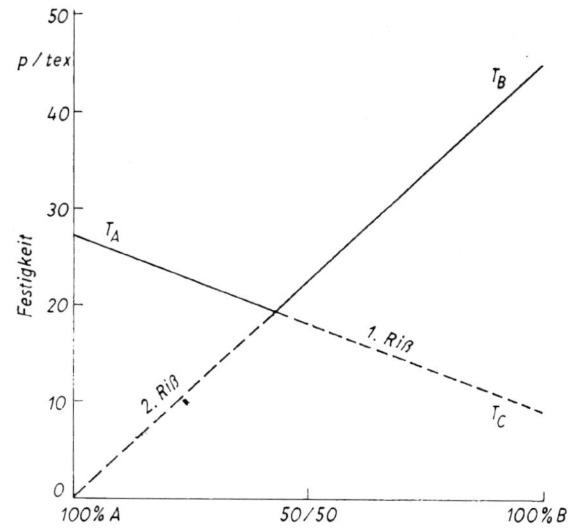

Bild 2. Nomogramm der theoretischen Reißfestigkeit der Mischgarne

wahl der Fasern. Wie aus späteren Ausführungen hervorgeht, kann man manchmal hohe Garnfestigkeiten auch bei Verwendung von Fasern mit ganz verschiedenem Modul erzielen.

Zum besseren Verständnis dieses Sachverhaltes soll hier eine der klassischen Studien über die physikalischen Eigenschaften der Mischgarne erörtert werden.

Hamburger [9] war wohl einer der ersten, die Prinzipien klar zu erfassen und zu untersuchen, von denen die mechanischen Eigenschaften und das Arbeitsvermögen der Mischgarne abhängen. Den Gedankengang dieses Verfassers kann man wie folgt zusammenfassen:

Bei Zugbeanspruchung eines Mischgarnes aus Fasern, die verschiedene physikalische Eigenschaften besitzen, reißen zunächst die Fasern mit niedriger Dehnung und Festigkeit und nachher die anderen. Das Wesentliche hierbei ist das Auftreten von zwei Rissen („1st and 2nd rupture"), die man sowohl graphisch als auch rechnerisch bestimmen kann.

Beispiel. Die Mischung sei aus zwei Fasern A und B zusammengesetzt, die folgendes Reißverhalten aufweisen.

Faser A	Reißfestigkeit	$T_A = 27$ p/tex
	Reißdehnung	$= 10\%$
Faser B	Reißfestigkeit	$T_B = 45$ p/tex
	Reißdehnung	$= 35\%$

Das Spannungs-Dehnungs-Diagramm der beiden Fasern ist in Bild 1 eingezeichnet.

Wie ersichtlich, ist beim Reißen der Faser A bei 10% Dehnung die Faser B einer Spannung T_C von 9 p/tex ausgesetzt. Falls die Mischung a% Faser A und $(100 - a)$ % Faser B enthält, so erfolgt nach *Hamburger* der erste Riß beim Erreichen der Spannung T_1

$$T_A \frac{a}{100} + T_C \frac{(100 - a)}{100} = T_1. \text{ (p/tex)}.$$

Das Nomogramm in Bild 2 enthält die graphische Berechnung der Reißfestigkeit der aus den obenerwähnten Fasern A und B erzeugten Mischungen.

Der zweite Riß findet dann bei der Spannung T_2 statt die sich wie folgt berechnet

$$T_B \frac{(100 - a)}{100} = T_2 \text{ (p/tex)}.$$

Für eine Mischung aus gleichen Teilen von A und B ist dann

1. Riß bei $27 \cdot 50/100 + 9 \cdot 50/100 = 18{,}0$ p/tex
2. Riß bei $45 \cdot 50/100 \qquad = 22{,}5$ p/tex

Die zwei Risse sind durch zwei Geraden dargestellt, die jeweils T_A und T_C bzw. T_B mit dem Nullpunkt verbinden. Die maximale Reißfestigkeit der Mischungen entspricht den dick-ausgezogenen Geraden.

Wie ersichtlich, reißt die Mischung 50/50 zunächst bei 18,0 p/tex und dann bei 22,5 p/tex. Auf gleicher Weise berechnet sich für die anderen Mischungen:

Faser A %	Faser B %	p/tex 1. Riß	p/tex 2. Riß
40	60	16,2	27,0
30	70	14,4	31,6
20	80	12,6	36,0

Wenn, wie in letzteren Fällen, das Intervall zwischen dem ersten und dem zweiten Riß verhältnismäßig groß ist, so zeigt sich dies beim praktischen Zugversuch des Mischgarnes auf einem registrierenden Dynamometer durch den Abbruch des glatten Verlaufs der Spannungs-Dehnungs-Kurve und das Einsetzen einer schwankenden Linie, wobei der Übergangspunkt etwa mit dem ersten Riß übereinstimmt.

Die Verhältnisse werden etwas komplizierter, wenn in der Mischung die Faser A gegenüber der Faser B überwiegt. Bei strikter Anwendung der erwähnten Regel, z. B. auf eine Mischung von 75% Faser A und 25% Faser B, müßte der erste Riß gemäß Bild 2 bei etwa 22 p/tex

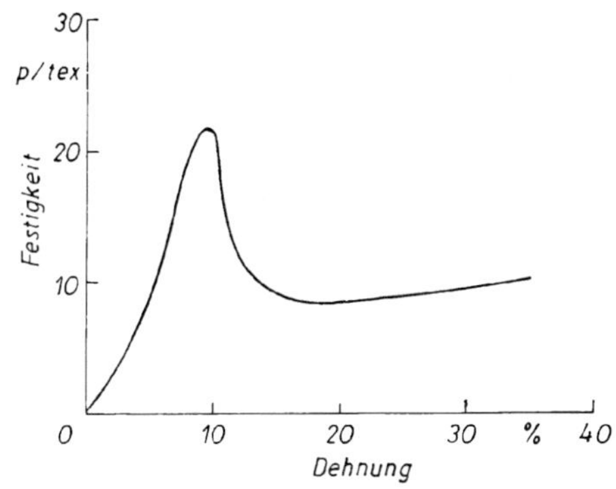

Bild 3. Spannungs-Dehnungs-Kurve des Mischgarnes aus 75% Faser A und 25% Faser B

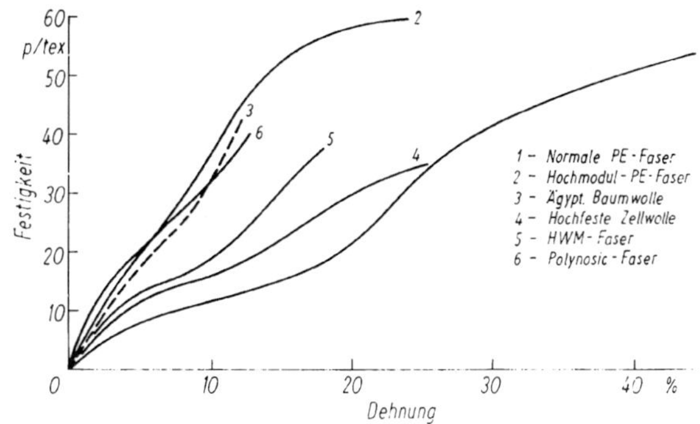

Bild 4. Spannungs-Dehnungs-Kurven der Fasern (konditioniert)

erfolgen, wonach sich die Spannung rasch senken sollte, um dann leicht anzusteigen bis zum zweiten und definitiven Riß des Garnes, bei etwa 11 p/tex. Theoretisch müßte der Verlauf der Spannungs-Dehnungs-Kurve den in Bild 3 skizzierten Verlauf haben. Obwohl in besagter Rechenmethode andere wichtige Parameter unberücksichtigt bleiben, die einen wesentlichen Einfluß auf die Festigkeit des Garnes ausüben, wie z. B. die Schnittlänge, die Kräuselung, die Avivage bzw. das Gleitvermögen der Fasern sowie die Feinheit und die Drehung des Garnes [10], so ist doch dieses Verfahren recht nützlich, um in erster Annäherung brauchbare Werte für die Festigkeit der Mischgarne zu liefern. Verständlicherweise muß man bedenken, daß diese Zahlen nicht absolute Werte darstellen und nur dann vergleichbar sind, wenn die obengenannten Parameter konstant bleiben.

Zur Beurteilung der Zuverlässigkeit des Verfahrens ist es allenfalls notwendig, praktische Versuche auszuführen, d. h. verschiedene Polyesterfasern mit mehreren Typen von Cellulosefasern zu mischen und die Festigkeit der gesponnenen Garne zu messen.

Über die Ergebnisse derartiger Versuche soll hier berichtet werden.

Versuchsdurchführung

Für die Versuche wurde folgendes Material benutzt.

Polyesterfaser normal	$[\eta] = 0{,}62$[1])
Polyesterfaser hochmodul	$[\eta] = 0{,}62$[1])

Ägyptische Baumwolle Menoufi, gekämmt

Zellwolle hochfest	DP etwa 400
HWM-Faser	DP etwa 500
Polynosic-Faser	DP etwa 500

[1]) Berechnet aus η_{rel} der Lösung von 0,4 g Polyester in 100 ml Phenol/Tetrachloräthan.

Sämtliche Fasern (Feinheit etwa 1,7 dtex, Schnittlänge etwa 38 mm) wurden in einer industriellen Anlage zu Garnen versponnen mit der Sollfeinheit Nm 80/1, Solldrehung 1000/m. Zur Herstellung der Mischgarne wurde ein von *Lünenschloss* [11] beschriebenes Verfahren benutzt (Polyester + Cellulosefaser-Kardenband bzw. gekämmte Baumwolle. Drei Streckpassagen mit jeweils 6facher Dublierung und 6fachem Verzug, Flyer und Ringspinnen). Die mit diesem Verfahren gewonnenen Garne zeichnen sich durch befriedigende Durchmischung im Querschnitt und über die Länge des Garnes aus.

Mit großer Sorgfalt entnommene Faserdurchschnittsmuster wurden nach längerem Konditionieren in Normalklima am Instron-Instrument geprüft. (50 Zugversuche je Muster). Die Ergebnisse der Messungen sind in Tabelle 1 zusammengestellt.
Die Spannungs-Dehnungs-Kurven der Fasern sind in Bild 4 dargestellt.

Durch Einsetzen der aus diesen Diagrammen entnommenen Werte in die auf S. 176 angegebenen Gleichung bzw. auf graphischem Wege erhält man die in den Bildern 5a und 5b dargestellten Nomogramme, aus denen die nach dem erwähnten Verfahren berechneten theoretischen Festigkeiten der verschiedenen Mischungen hervorgehen.

Aus diesen Darstellungen ist ersichtlich, daß die Festigkeiten der Mischgarne aus normaler PE-Faser und Baumwolle bzw. HWM- oder Polynosic-Faser ausgeprägte Minima durchlaufen, die ausnahmslos in der Nähe des Mischungsverhältnisses PE-Faser/Cellulosefaser = = 50/50 bis 65/35 liegen, d. h. gerade im Bereich der üblichen Mischungen. Demgegenüber zeigt das Garn aus normaler PE-Faser und hochfester Zellwolle kein derartiges Minimum und auch höhere Festigkeit im genannten Mischungsbereich. Das ist gut verständlich, da der Bruchpunkt dieser Faser in unmittelbarer Nähe der

Tabelle 1. Prüfwerte der konditionierten Fasern

	PE normal	PE hochmod.	Baumwolle ägyptisch	Zellwolle hochfest	HWM-Faser	Polynosic-Faser
Feinheit tex	0,17	0,16	0,12	0,16	0,16	0,14
Reißfest p/tex	53,5	59,4	42,9	35,1	37,9	40,1
Dehnung %	44,0	23,0	12,0	25,2	18,0	12,5
Spannung p/tex bei						
5% Dehnung	8,1	18,9	17,1	11,7	12,6	19,8
10% ,,	11,7	36,0	33,3	16,2	18,8	32,4
15% ,,	15,3	52,2	—	22,5	30,6	—

Tabelle 2. Prüfwerte der konditionierten Garne. Nm 80/1

Mischung	Komponenten A	B	Mischverh. A B	Feinheit tex	Reißfest. p/tex	Dehnung %
A_1	Ägypt. B.-Wolle	norm. PE-Faser	100: 0	12,2	20,0	6,0
	,,	,,	50: 50	12,2	14,2	7,5
	,,	,,	35: 65	11,8	16,0	13,7
	,,	,,	0:100	12,0	26,4	21,1
A_2	Ägypt. B.-Wolle	hochmod. PE-Faser	100: 0	12,2	20,0	6,0
	,,	,,	50: 50	11,1	20,9	6,6
	,,	,,	35: 65	12,1	23,9	9,0
	,,	,,	0:100	11,8	33,8	11,4
B_1	Polynos.-Faser	norm. PE-Faser	100: 0	12,3	16,2	8,1
	,,	,,	50: 50	12,4	19,5	10,5
	,,	,,	35: 65	12,4	14,8	11,0
	,,	,,	0:100	12,0	26,4	21,1
B_2	Polynos.-Faser	hochmod. PE-Faser	100: 0	12,3	16,2	8,1
	,,	,,	50: 50	12,3	19,5	10,5
	,,	,,	35: 65	12,2	22,0	10,6
	,,	,,	0:100	12,1	33,8	11,4
C_1	HWM-Faser	norm. PE-Faser	100: 0	12,2	18,0	10,0
	,,	,,	50: 50	12,5	15,2	10,8
	,,	,,	35: 65	12,5	15,1	15,7
	,,	,,	0:100	12,0	26,4	21,1
C_2	HWM-Faser	hochmod. PE-Faser	100: 0	12,2	18,0	10,0
	,,	,,	50: 50	12,3	25,4	10,5
	,,	,,	35: 65	12,2	27,0	11,4
	,,	,,	0:100	12,1	33,8	11,4
D	hochfeste Zellw.	norm. PE-Faser	100: 0	12,2	19,0	16,0
			50: 50	12,2	20,7	17,5
			35: 65	12,4	22,0	18,5
			0:100	12,0	26,4	21,1

Spannungs-Dehnungs-Kurve der normalen PE-Faser liegt (siehe Bild 4).

Viel höher als mit normaler PE-Faser liegen die Festigkeiten der Mischgarne aus Hochmodul-PE-Faser und Baumwolle bzw. HWM- und Polynosic-Fasern (Bild 5b). Überraschend ist auf erstem Blick der Umstand, daß die Mischgarne aus Hochmodul-PE-Faser und Baumwolle bzw. Polynosic-Faser nicht so gut abschneiden wie die Mischungen mit HWM-Faser, trotz des fast gleichen Verlaufs der S-D-Kurven der Baumwolle, der Polynosic-Faser und der Hochmodul-PE-Faser.

Der Beweis der Gültigkeit dieser rein theoretischen Diagramme kann natürlicherweise nur durch den Vergleich der berechneten mit den effektiven Werten erfolgen.

Die Ergebnisse der Messungen (50 Zugversuche je Prüfling) an konditionierten Mischgarnen der Feinheit Nm 80/1 sind in Tabelle 2 zusammengefaßt und die gemessenen Reißfestigkeiten der Garne sind in Bild 6a und 6b dargestellt.

Beim Vergleich dieser Kurven mit den Nomogrammen in Bild 5a und 5b erkennt man vor allem den ähnlichen Verlauf der experimentellen Kurven mit den für die gleichen Systeme berechneten. Augenfällig sind die Minima der Kurven A_1, B_1 und C_1, d. h. der Mischungen

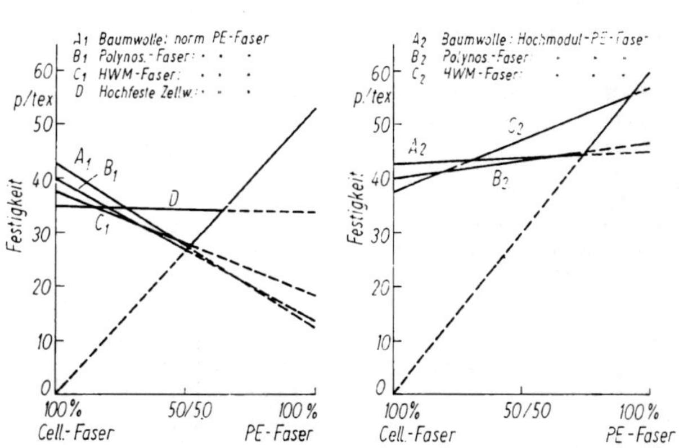

Bild 5a und b. Theoretische Festigkeit der Mischgarne (konditioniert)

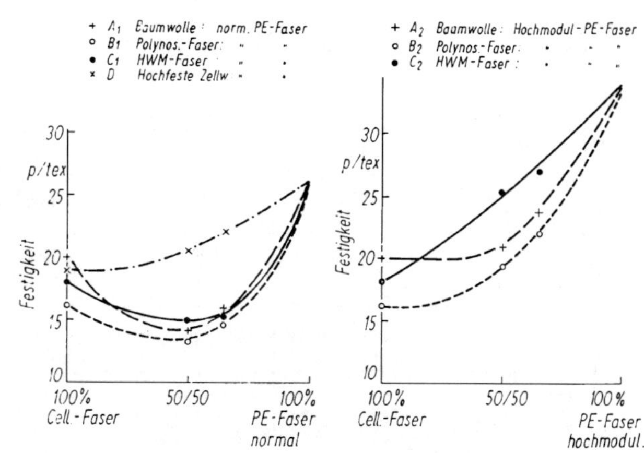

Bild 6a u. b. Gemessene Festigkeit der Mischgarne (konditioniert)

von Baumwolle bzw. HWM- und Polynosic-Faser mit normaler PE-Faser, sowie das Fehlen des Minimums im System mit hochfester Zellwolle.

Von besonderem Interesse ist der Verlauf der Garnfestigkeit der Mischungen besagter Cellulosefasern mit Hochmodul-PE-Faser. Demnach ist der günstigste Weg, um hochfeste Mischgarne zu erhalten, Hochmodul-PE-Faser zu verwenden, d. h. eine Faser, die sich in ihrem Zugverhalten der Baumwolle und den Cellulose-Modalfasern nähert. In dieser Beziehung erschließen diese Messungen eine interessante Tatsache, daß nämlich die Mischungen 50/50 bzw. 65/35 der Hochmodul-PE-Faser mit Baumwolle bzw. Polynosic-Fasern etwa 10 bis 20% niedrigere Festigkeitswerte aufweisen als die gleichen Mischungen mit HWM-Faser.

Das Eigenartige dieses Verhaltens liegt in dem Umstand, daß trotz des scheinbar idealen Verlaufs der Spannungs-Dehnungs-Kurven der Baumwolle und der Polynosic-Faser, die sich dem der verwendeten Hochmodul-PE-Faser sozusagen überlagern, die Mischungen weniger gut abschneiden, als die mit HWM-Fasern.

Man erkennt demnach, daß für die Festigkeit der Mischungen nicht der Modulus, sondern die Reißdehnung der Mischungspartner ausschlaggebend ist: die Differenz zwischen den Wertepaaren soll möglichst klein sein, um optimale Bedingungen zu erzielen.

Aus dieser Feststellung entspringt eine einfache Methode zur Auswahl der Komponenten einer Mischung, deren Festigkeit man auf Grund der Spannungs-Dehnungs-Kurve der Einzelfasern leicht vorausbestimmen kann. Dieses Verfahren ermöglicht außerdem die Bestimmung der Festigkeitsausbeute beim Verspinnen durch Vergleich der berechneten mit der effektiven Festigkeit des Mischgarns.

Zum Beispiel erhält man für meist verwendete Mischungen 65/35 die folgenden Werte:

Mischgarn	Komponenten	kond. Festigkeit p/tex		Ausbeute
		gemessen	berechnet	%
A_1	B.-Wolle/norm. PE	16,0	34,5	46,4
A_2	B.-Wolle/h.-mod. PE	23,9	44,2	54,1
B_1	Polynos./norm. PE	14,8	34,5	42,9
B_2	Polynos./h.-mod. PE	22,0	44,5	49,4
C_1	HWM/norm. PE	15,1	34,5	43,8
C_2	HWM/h.-mod. PE	27,0	50,2	53,8

Man erkennt demnach, daß die Festigkeitsausbeute beim Verspinnen der Mischgarne aus hochmodul-Polyesterfaser und Baumwolle bzw. HWM-Faser normal ist (etwa 54%). Etwas niedriger ist der entsprechende Wert für die Polynosic-Faser (49,4%), was wohl mit dem charakteristischen Verhalten dieser Faserklasse zusammenhängt. Weit niedriger (etwa 44%) ist dagegen die Festigkeitsausbeute beim Verspinnen der Mischgarne, die normale Polyesterfasern enthalten, wahrscheinlich wegen der nacheinanderfolgenden zwei Risse, die eine genaue Messung erschweren.

Schlußfolgerung

Die theoretische Reißfestigkeit der Mischgarne kann aus den Spannungs-Dehnungs-Kurven der in die Mischung eingehenden Einzelfasern berechnet werden. Die so erhaltenen Werte stehen in engem Zusammenhang mit den experimentellen Daten und lassen das Reißverhalten im voraus erkennen. Die Auswahl der Mischungspartner wird auf diese Weise erleichtert zur Erzielung von hohen Festigkeiten.

Ein unvorgesehenes Ergebnis folgt aus der Feststellung, daß der Modul der Fasern eine untergeordnete Rolle spielt gegenüber der Reißdehnung der Komponenten, die möglichst gleich oder wenigstens nicht stark verschieden sein sollen, um optimale Festigkeiten des Mischgarnes zu gewährleisten.

Literatur

[1] *Devernay, J.:* Erfahrungen mit Mischungen Polyester/Viskosefasern. Chemiefasern **19** (1969) S. 248–250.

[2] *Jeffrey, G. M.:* Eigenschaften und Mischungsmöglichkeiten von Viscosefasern mit hohem Naß-modul. Melliand Textilber. **50** (1969) S. 1270–1278.

[3] *Welch, I. H.:* Fabrics made of HWM rayon and its blends. Text. Chem. Color. **1** (1969) S. 398.

[4] *Ruta, D.:* Die Polyester Faser in der Baumwoll-Industrie. Textilia, Milano **46** (1970) S. 133.

[5] *Krässig, H. A.:* Future of man made fibers in Europe. Ind. engng. Chem. **62** (1970) 3, S. 5–12.

[6] *Weber, P.:* Das Eindringen neuer Viskose-faser-Typen in den Anwendungsbereich hochfester Fasern. Melliand Textilber. **50** (1969) S. 372–381.

[7] *Cirlic, B.:* Studie über den Einfluß der Polyesterfaser in Drei- und Zwei-Komponenten-Mischgeweben mit Wolle und Viscose-Zellwolle. Faserforsch. u. Textiltechnik **14** (1963)S. 537–546.

[8] *Malkoci-Kufudaki, O.:* Korrelations-Berechnung an Mehrkomponenten-Systemen bei Fasermischungen für Mischgewebe. I. II. Faserforsch. u. Textiltechnik **16** (1965) S. 359–363; 527–533.

[9] *Hamburger, W. J.:* The industrial application of the stress-strain relationship. J. Textile Inst. **40** (1949) S. P 700–P 718.

[10] *Hearle, J. W. S.:* Theoretical analysis of the mechanics of twisted staple fiber yarns. Textile Res. J. **35** (1965) S. 1060–1071.

[11] *Lünenschloss, J.,* und *Rottmayr, H.:* Mischungseffekte verschiedener Mischverfahren bei PES und gek. Baumwolle Textil-Praxis **25** (1970) S. 541–546; 591–594; 731–734; **26** (1971) S. 11–23.

siehe auch:

Dyer, R. F.: High tenacity polyester staple fibers. Mod. Textiles Mag. **48** (1967) 3, S. 73–81.

Canter, C. T., Jones, G. D., und *Weaver, J. W.:* Rupture of cellulosic fibers in durable press blends. Amer. Dyestuff Rep. (1968) 1, S. 43 (P 45)–47 (P 49).

Eingegangen am 15. Oktober 1971

Neue Bücher

Tenside — Textilhilfsmittel — Waschrohstoffe. 2. Auflage, Band III. Von *Kurt Lindner* unter Mitarbeit von *Elfriede Eichler.* Stuttgart: Wiss. Verlagsges. 1971. XXXII, 1067 S. (2093—3159), 352 Abb., 119 Tab. Kunststoff DM 285,—.

Sieben Jahre nach dem Erscheinen der doppelbändigen 2. Auflage des „Lindner" erscheint als Ergänzung der dritte, über 1000 Seiten umfassende Band, für den die Manuskript- und die Literaturarbeiten im wesentlichen 1969 abgeschlossen wurden. Auch hierbei wurden der 1968 verstorbene Herausgeber und seine Mitarbeiterin wieder durch Beiträge von 35 Fachkollegen, darunter sieben aus der DDR, unterstützt.

Bei der Zusammenstellung des vorliegenden Bandes wurden hauptsächlich drei Gesichtspunkte berücksichtigt: erstens die neue petrolchemische Rohstofflage, zweitens die Weiterentwicklung auf den in den ersten beiden Bänden abgehandelten Anwendungsgebieten und drittens die bisher noch nicht berücksichtigten Stoffklassen bzw. Anwendungs- und Wirkungsbereiche auf dem Gebiet der Tenside, Textil- und Waschhilfsmittel.

Demgemäß umfaßt der I. Teil, „Vorprodukte und ihre tw-chemische Verwendung", die Petrolchemie, ihre Grundstoffe, deren Aufarbeitung und Folgeprodukte einschließlich der Olefine und ihrer hochmolekularen Polymerisate. Weitere Abschnitte dieses Teils sind den Alkylbenzolen bzw. -phenolen, den höhermolekularen Alkoholen und den Fettsäuren gewidmet.

Im II. Teil, „Herstellung, Eigenschaften und Verwendung von Tensiden", werden zunächst die physikalisch-chemischen Grundlagen der Tensidwirkung abgehandelt. In den übrigen Abschnitten wird eingegangen auf die Phosphate und anderen Komplexbildner, auf die Feinseifenherstellung, die Sulfonierung von α-Olefinen, die Hydroxyalkylsulfoxide, die Tenside auf Basis von Zuckerderivaten, auf Kationtenside, auf die Thermostabilität von Tensiden, das Abwasserproblem, die Sprühmischverfahren und auf die enzymatischen Waschmittel.

Der III. Teil ist den nicht grenzflächenaktiven Hilfsstoffen gewidmet. Hier werden den Leser dieser Zeitschrift vor allem die Kapitel über Grundlagen, Anwendung und Bewertung optischer Aufheller und über Silicone interessieren. Weitere Abschnitte befassen sich mit den Alkalisilicaten sowie dem Einsatz von Phosphaten in der Kosmetik und in der Leder- und Pelzindustrie.

Der IV. Teil, „Die Textilhilfsmittel und die Fasern", ist mit über 300 Seiten der umfangreichste. In ihm wird berichtet über die Probleme der Schmälzmittel, der antistatischen Präparation und Ausrüstung, über die neueren Verfahren und Produkte der Hochveredlung, über den Stand der Wollbehandlung und -ausrüstung, über die modernen Bleichmethoden, die verschiedenartigen Färbe- und Druckhilfsmittel sowie über Glasfasern, ihre Präparation, Färberei und Ausrüstung.

Im V. Teil wird auf die „speziellen Einsatzgebiete für Tenside" eingegangen, und zwar in folgenden Bereichen: Kunststoffindustrie, Lacke und Farben, Schmiermittel, chemische Verfahrenstechnik, Papierindustrie, Leder- und Pelzherstellung, Flotation, Erdöl-Bohrtechnik.

Der VI. Teil schließlich hat die „Gebrauchswertprüfung und Analytik" zum Inhalt. Hier werden nicht nur die neueren Methoden zur Bestimmung des Gebrauchswertes der Tenside, ihre chemischen (insbesondere quantitativen) Untersuchungsmethoden einschließlich der Dünnschicht-Chromatographie und der Polarographie behandelt, sondern es wird auch auf die Analytik einer Reihe von Nichttensiden (z. B. Cellulosederivate, Stärke- und Eiweißprodukte, optische Aufheller usw.) eingegangen. Die restlichen Abschnitte sind der Gebrauchswertprüfung von Textilien, der Messung ihres Weißgrades bzw. Schmutzgehaltes sowie der Differential-Thermoanalyse und der Derivatographie auf dem Wachs- und Waschmittelgebiet gewidmet.

Ein Verzeichnis der Autoren, Schutzrechtsinhaber und Hersteller sowie ein Sachverzeichnis schließen den Band ab. Zum Unterschied von der bisherigen Gepflogenheit sind die Literaturübersichten nicht mehr am Ende jedes Teils, sondern jeweils hinter den einzelnen Kapiteln zu finden, was zweifellos das Nachschlagen der über 3300 Literatur- und Patentzitate erleichtert.

Mit dem Erscheinen des III. Bandes liegt nunmehr ein Gesamtwerk vor, das nicht nur über die Herstellung und Eigenschaften der Tenside und ihre vielfältigen Anwendungsgebiete, sondern auch über die zugehörigen Hilfsstoffe und Grenzgebiete erschöpfend Auskunft gibt. Bei der Komplexität dieser Materie und der Vielzahl der Mitarbeiter waren wohl gewisse Überschneidungen unvermeidlich, so werden z. B. die Bewertungsmethoden für optische Aufheller in zwei verschiedenen Abschnitten behandelt (S. 2512 ff. u. S. 3128 ff.). Auch die Einheitlichkeit der einzelnen Teile wurde nicht immer gewahrt, beispielsweise werden die Phosphate und Komplexbildner im Tensid-Teil abgehandelt. Außerdem wurden in manchen Fällen nach Ansicht des Referenten die Grenzen des Generalthemas zweifelsohne überschritten, z. B. durch die Aufnahme von Abschnitten über spezielle Fasertrennungen und über die Porosimetrie (S. 3082—3084). Zufolge der willkürlichen Auswahl wird ein Interessent für solche Probleme sowieso zu einem Spezialwerk über textile Untersuchungsmethoden greifen müssen.

Diese kritischen Bemerkungen sollen aber den Wert auch dieses Bandes für alle die Fachkollegen nicht mindern, die sich mit den vielfältigen Problemen der Tenside, der Wasch-, Textilhilfs- und Lederhilfsmittel zu befassen haben. Dabei wird er ihnen wieder, wie seine Vorgänger, ein wertvoller Berater und Helfer sein. *R. Schiffner*

Infrared Spectroscopy, Experimental Methods and Techniques. Von *James E. Stewart.* New York: Marcel Dekker Inc. 1970. XIII, 636 S., Lwd. $ 36.50.

In dem Buch werden in einer ausführlichen Darstellung die physikalischen Systeme und entsprechenden Prinzipien von Ultrarotspektrometern beschrieben. Es behandelt neben den apparativen Problemen der Ultrarotspektroskopie, die in technisch-physikalischer und mathematischer Hinsicht exakt dargestellt werden, auch einige Kapitel über neuere methodische Probleme.

Nach den beiden ersten einführenden Kapiteln werden in den Kapiteln 3 und 4 Fragen der geometrischen Optik und Wellenoptik behandelt, die zum weiteren Verständnis des Buches notwendig sind. Gleichzeitig werden Elemente der Informationstheorie aufgeführt, die bei der Übertragung eines Signals wichtig sind. Großen Raum nimmt die Beschreibung der optischen Systeme (z. B. Monochromator-Optik, Detektor-Optik) von Spektrometern und den dazugehörigen Elementen (z. B. Linsen, Gitter, Filter, Polarisatoren) ein (Kapitel 5 und 6). Das Kapitel 7 befaßt sich mit der mathematischen Darstellung der Spalt- und Apparatefunktion und damit zusammenhängenden Problemen der spektralen Auflösung. Im Kapitel 8 werden die Interferenz-Spektroskopie behandelt und die Vorteile des Gebrauchs von Interferometern begründet. Es werden sowohl die klassischen Interferometer, wie z. B. das *Fabry/Perot*-Interferometer und das *Michelson*-Interferometer als auch moderne *Fourier*-Spektrometer beschrieben. Nach Ansicht des Rezensenten befindet sich aber die durchaus exakte Darstellung über die Interferenz-Spektroskopie nicht auf dem neuesten Stand der Technik. So findet man z. B. keine Angaben über die Umwandlung des Interferrogramms mit Hilfe eines Computers und die Speicherung von Daten, wie sie in modernen *Fourier*-Spektrometer vorhanden ist. Das Kapitel 9 behandelt die Mechanik des Spektrometers; Anordnung und Gestaltung der Kammblende und des Spaltes werden u. a. aufgezeigt.

In den Kapiteln 10 bis 13 werden die elektronischen Systeme, die Ultrarot-Detektoren und die elektromechanischen Übertragungsfunktionen dargestellt. Der Wirkungsweise der Ultrarot-Detektoren wird dabei besondere Beachtung geschenkt. Es werden für das ferne Ultrarot bestimmte moderne Detektoren (freie-Elektronen-Photoleiter) und der Zyklotron-Resonanz-Detektor berücksichtigt. Die photometrische Genauigkeit, der Ursprung der photometrischen Fehler werden im Kapitel 14 erläutert. Probleme der Streustrahlung, der Fremdstrahlung sowie der Einfluß der Küvette und der Probe werden quantitativ abgehandelt.

Die Kapitel 15 bis 18 gehören zu dem Teil des Buches, der sich mit der experimentellen Methodik der Ultrarot-Spektroskopie beschäftigt. Es werden Beiträge über die Transmissions-Reflexions- und Emissions-Spektroskopie mitgeteilt. Im Kapitel über Reflexionsspektroskopie wird auch die ATR-Technik beschrieben; die Darstellung hat aber mehr Übersichtscharakter.

Der Inhalt des 18. und letzten Kapitels verdient es, hervorgehoben zu werden. Darin werden der Einfluß der Probenumgebung und die Ultrarotspektroskopie des angeregten Zustandes diskutiert. Dem Rezensenten ist z. Zt. kein Werk der Ultrarot-Spektroskopie bekannt, in dem diese Thematik so umfassend aufgezeigt wird. Der Einfluß der Probentemperatur und des Probendruckes sowie die Wirkung von starken elektrischen und magnetischen Feldern am Probenort auf das Schwingungsspektrum und damit in Verbindung stehender Informationsgewinn über den Bau des einzelnen Moleküls und des Festkörpers werden dargestellt. Die Abschnitte über die Ultrarot-Spektroskopie des angeregten Zustandes behandeln u. a. Fragen der Ultrarot-Fluoreszenz, der Absorption durch angeregte Moleküle und der Absorption von freien Elektronen in Plasmen.

Das vorliegende Werk ist allen Wissenschaftlern und Technikern, die den Bau und die Konstruktion von Ultrarot-Spektrometern bearbeiten oder sich mit den Methoden der Ultrarot-Spektroskopie beschäftigen, sehr zu empfehlen. Es vermittelt den Forschern einerseits mathematisch und physikalisch fundiertes technisches Wissen über die Apparatur, und andererseits gibt es einen guten Einblick in eine Reihe von Methoden der Ultrarot-Spektroskopie. Die Kenntnis der in diesem Werk dargestellten apparativen Thematik ermöglicht dem Leser, die Wirkungsweise und die Mechanismen der Ultrarotspektrometer zu verstehen und sie für die optimale Ausnutzung der Geräte zu verwenden. *R. Danz*

Patentschau

Auszug aus der Lieferung 17/18/1971 der Patentschau „Faserstoffe und Textiltechnik", Ausgabe A: Faserstoffe einschl. Kunststoffe und organ. Grundsubstanzen, zusammengestellt von der Abteilung Wissenschaftliches Berichtswesen des Instituts für Faserstoff-Forschung der DAW, 153 Teltow-Seehof, Kantstr. 55

Die Patentschau ist nach der Internationalen Patentklassifikation (IPC) gegliedert. Es bedeuten: DDP = DDR-Patent; DBP = Deutsches Bundespatent; DAS = (West-)Deutsche Auslegeschrift; DOS = (West-)Deutsche Offenlegungsschrift; OeP = Österreichisches Patent; PoP = Polnisches Patent; SzP = Schweizer Patent; FrP = Französisches Patent; BGP = Britisches Patent; JaP = Papanisches Patent; SvP = Schwedisches Patent; SUP = Sowjetisches Patent; ČSP = Tschechoslowakisches Patent; USP = Amerikanisches Patent; A = Anmeldedatum, O. bzw. B. = Tag der Ausgabe der Patent-, Offenlegungs- bzw. Auslegeschrift.

B 65 Transport, Verpackung und Lagerung

B 65h Handhabung von flachen und faserförmigem Material, z. B. Platten, Netzen, Seilen

GBP 1232221. Vorrichtung zum Antreiben und Anhalten der Aufwickeleinheit in Aufwickelmaschinen. Inh. Elitex-Závady Textilního Strojírenství Generální Reditelství. A. 11. 9. 68, B. 19. 5. 71, Kl.: D 1. J, Int. Kl.: B 65h 54/48. A.-Z.: 43090/68.

SUP 305119 (Urheberschein). Vorrichtung zum Aufwinden eines Fadens Erf.: *N. F. Klocko, V. G. Novickij, B. G. Prjadčenko, N. I. Ageenko, I. N. Majboroda, A. K. Stepanov, G. A. Golubev, V. G. Il'in, G. V. Borovik, A. B. Smagorinskij, A. Š, Fradin* u. *V. A. Pirigov*. Anm.: Vsesojuznyi naučno-issledovatel'skij Institut Mašin dlja Proizvodstva sintetičeskich Volokon. A. 13. 10. 69, B. 4. 6. 71. Int. Kl.: B 65 h 54/30. A.-Z.: 1371456/28-12.

Sektion C.

Chemie und Metallurgie

CHEMIE

Klasse C 03. Glas; Mineral- und Schlackenwolle

Klasse C 03b. Herstellung, Formgebung und Nachbehandlungsverfahren

ČSP 139820. Vorrichtung zur Herstellung von Fäden aus anorganischen Schmelzen, insbesondere Glasschmelzen, nach dem Zentrifugenverfahren. Erf.: *Vlastimil Šorm*, u. *Jan. Lehner*. A. 30. 10. 69, B. 27 6. 70. Kl.: 32a, 37/04, Int. Kl.: C 03b 37/04. A.-Z.: 7152–69.

USP 3558293. Herstellung von Glasfäden. Erf.: *George B. Zurheide*. Inh.: PPG Industries, Inc. A. 1. 8. 67, B. 26. 1. 71. Kl.: 65-2, Int. Kl.: C 03b 37/00. 3 Anspr. A.-Z.: 657622.

SUP 298551 (Urheberschein). Vorrichtung zur Herstellung von Glasfäden. Erf.: *S. V. Blagovidov, R. G. Černjakov, S. S. Kutukov, A. N. Zolotova* u. *S. F. Andreev*. A. 25. 11. 69, B. 16. 3. 71. Int. Kl.: C 03b 37/02. A. Z.: 1380131/29–33.

Klasse C 07. Organische Chemie

Klasse C 07c. Acyclische und carbocyclische Verbindungen

DOS 1618129. Verfahren zur Herstellung von Acrylsäure aus Rückständen, die bei der Aufarbeitung von Acrylsäure anfallen. Erf.: *Otto Leichtle*. Anm.: Badische Anilin- & Soda-Fabrik AG, 6700 Ludwigshafen (BRD). A. 3. 4. 67, O. 12. 11. 70. Xl.: 12o, 21. A.-Z.: P 1618129 (B 91887). Entspr. FrP 1572316.

USP 3574727. Reinigung von Terephthalsäure. Erf.: *Wallace E. Taylor, Enrique R. Witt* u. *Kwang Yuen Zee-Cheng*. Inh.: Celanese Corp., New York, N. Y. A. 16. 10. 67, B. 13. 4. 71. Kl.: 260–525, Int. Kl.: C 07c 51/42. 9 Anspr. A.-Z.: 675289. Entspr. DOS 1803056.

FrP 2057050. Neues Verfahren zur Herstellung von nichtflüchtigen Estern oder von Estern mit erhöhtem Siedepunkt. Inh. Ting Fang Chung. A. 31. 10. 69, B. 11. 6. 71. Int.: Kl.: C 07c 67/00, 69/00, C 08g 17/00. A.-Z.- 6937471. Prior.: 8. 8. 69 (Br: A.-Zl: 211394).

Klasse C 08. Makromolekulare Verbindungen; ihre Herstellung und chemische Verarbeitung; auf diesen Verbindungen beruhende Gemische

Klasse C 08b. Polysaccharide und deren Derivate

USP 3754188. Verfahren zur Herstellung von Carboxymethylcellulose oder ihrer Alkalisalze mit hoher Viskosität. Erf.: *Kikuo Takehara, Hisakazu Senda* u. *Jazuhiro Hirano*. Inh.: Dai-Ichi Kogyo Seiyaku Co. Ltd. A. 27. 2. 70, B. 6. 4. 71. Xl.: 260–231, Int. Kl.: C 08b 11/00. 5 Anspr. A.-Z.: 15196.

GBP 1236337. Geformte Artikel, hergestellt aus Cellulosetriestern. Inh.: Celanese Corp. A. 4. 3. 69, B. 23. 6. 71. Kl.: C3.F, Int. Kl.: C 08b 21/02. A.-Z.: 11328/69.

Klasse C 08f. Polymerisationsprodukte

USP 3558759. Ein Polymerisationsverfahren. Erf.: *Amir M. Sarem* u. *Xorba Linda*. Inh.: Union Oil Co. of California, Los Angeles, Cal. A. 6. 5. 68, B. 26. 1. 71. Kl.: 264–142, Int. Kl.: B 01j 2/20, B 29c 17/14. 12 Anspr. A.-Z.: 726840.

DOS 1918995. Verfahren zur Polymerisation von α-Olefinen. Erf.: *Karl Schmitt, Fritz Gude* u. *Reinhard Samblebe*. Anm.: Veba-Chemie AG. 4660 Gelsenkirchen-Buer (BRD). A. 15. 4. 69, O. 12. 11. 70. Kl.: 39b4, 1/42. A.-Z.: P 1919995. Entspr. FrP 2039082.

DOS 1926127. Verfahren zur Herstellung von Polyolefinen. Erf.: *Karl Schmitt, Fritz Gude* u. *Reinhard Samblebe*. Anm.: Veba-Chemie AG, 4660 Gelsenkirchen-Buer (BRD). A. 22. 5. 69, O. 26. 11. 70. Kl.: 39b4, 1/42. A.-Z.: P 1926127. Entspr. FrP 2048710.

FrP 2055171. Verfahren zur Herstellung von modifiziertem Polyäthylen und vernetzten Polyäthylenen, die hohe mechanische, chemische und elektrische Leistungskenndaten aufweisen, sowie daraus resultierende Polyäthylene. Erf.: *S. Arrighetti, G. Corradini* u. *S. Cesca*. Inh.: Snam Progetti S.p.A. A. 16. 7. 60, B. 11. 6. 71. Int. Kl.: C 08f 1/00, 3/00, 15/00, B 01j 11/00. A.-Z.: 7026111. Prior.: 18. 7. 69 (It; A.-Z.: 19811 A/69).

GBP 1235062. Herstellung von Alkenpolymeren und aktivierte Katalisatorkompositionen dafür. Inh.: Stamicarbon N. V. A. 14. 5. 69, B. 9. 6. 71 Kl.: C3.P, Int. Kl.: C 08f 1/56, 15/04. A.-Z.: 24662/69. Prior.: 15. 5. 68. (Nd; A.-Z.: 6806890). Entspr. DDP 79150, DOS 1924709 u. FrP 2008619.

GBP 1235063. Herstellung von Alkenpolymeren und aktivierte Katalysatorkompositionen dafür. Inh.: Stemicarbon N.V.. A. 14. 5. 69, B. 9. 6. 71. Kl.: C3.P, Int. Kl.: C 08f 1/56, 3/04. A.-Z.: 24663/69. Prior.: 15. 5. 68 (Nd; A.-Z.: 6806891 u. 6806892). Entspr. DOS 1924708 u. FrP 2010468.

GBP 1235351. Fadenförmige, vernetzte Polymere. Inh.: Permutit Co. A. 4. 12. 68, B. 16. 6. 71. Kl.: C3.P, Int. Kl.: C 08f 1/86. A.-Z.: 72/68. Entspr. DOS 1900046.

GBP 1235530. Peroxy-Verbindungen. Inh.: Elektrochemische Werke München AG. A. 24. 12. 68, B. 16. 6. 71. Kl.: C3.P, Int. Kl.: C 08f 1/62. A.-Z.: 61300/68. Prior.: 28. 12. 67 (Nd; A.-Z.: 6717760). Entspr. DOS 1800327 u. OeP 291564.

GBP 1236966. Polymerisation von Acrynitril. Inh.: Chatillon S. A. Italiana per le Fibre Tessili Artificiali S.p.A. A. 1. 10. 68, B. 23. 6. 71. Kl.: C3.P, Int. Kl.: C 08f 1/11, 1/62, 1/82, 3/76, 15/00. A.-Z.: 46609/68. Prior.: 6. 10. 67 (It; A.-Z.: 814326).

USP 3558586. Polymerisationsverfahren und Katalysatorsystem. Erf.: *Lawrence M. Fodor* Inh.: Phillips Petroleum Co. A. 14. 2. 68, B. 26. 1. 71. Kl.: 260-93,7, Int. Kl.: C 08f 1/56, 3/10. 10 Anspr. A.-Z.: 705520. Entspr. DOS 1907089, FrP 2001862 u. GBP 1236162.

DOS 1925353. Verfahren zur Herstellung von Polyvinylesterdispersionen. Erf.: *Hubert Wiest, Erwin Lieb, Eduard Bergmeister* u. *Christian Schmidtkonz*. Anm.: Wacker-Chemie GmbH, 8000 München (BRD). A. 19. 5. 69. O. 26. 11. 70. Kl.: 39b4, 3/54. A.-Z.: P 1925353. Entspr. FrP 2047822.

FrP 2054659. Verfahren zur Polymerisation von Vinylchlorid. Erf.: *S, Monaco Lo C. Mazzolini, L. Patron* u. *A. Moretti*. Inh.: Chatillon Soc. An. Italiana per le Fibre Tessili Artificiali S.p.A. A. 28. 7. 70, B. 28. 5. 71. Kl.: C 08f 3/00, 1/00, B 01j 11/00. A.-Z.: 7027756. Prior.: 31. 7. 69 (It; A.-Z.: 20357 A/69).

ČSP 139850. Verfahren zur Herstellung von Katalysatoren zur stereospezifischen Polymerisation von α-Olefinen. Erf.: *Giulio Natta, Adolfo Zambelli, Italo Pasquon* u. *Maria Farina*. A. 1. 7. 61, B. 17. 7. 70. Kl.: 39c, 25/01, Int. Kl.: C 08f 3/02, 1/36. A.-Z.: 4134–61. Prior.: 1. 7. 60 (It; A.-Z.: 11671/60). Entspr. SzP 415058 u. USP 3277069.

USP 3574177 Zus. z. Pat. m. A.-Z.: 397652. A. 18. 9. 64. Herstellung von Acrylnitrilpolymeren. Erf.: *Akira Nakajima, Kenji Takeya* u. *Yukio Shimosaka*. Inh.: Japan Exlan Co. Ltd., Osaka (Ja.) A. 8. 5. 68, B. 6. 4. 71. Kl.: 260–88,7, Int. Kl.: C 08f 3/76, 15/22. 11 Anspr. A.-Z.: 727670. Prior.: 23. 9. 63 (Ja; A.-Z.: 38/51 151). Entspr. DAS 1256423 u. GBP 1017657.

DOS 1620973 Zus. z. Anm.: 1299868. Verfahren zur Polymerisation von Cyclopenten. Erf.: *Gino Dall'Asta* u. *Giovanna Carella*. Anm.: Montecatini Edison S.p.A., Mailand (It.) A. 10. 2. 66, O. 3. 12. 70. Kl.: 39b4, 5/00. A.-Z.: P 1620973 (M 68344). Prior.: 11. 2. 65 (It; A.-Z.: 2889/65). Vgl. auch DOS 1620972. Entspr. FrP 1467720.

DOS 1964653. Neue Äthylen-Propylen-1.3-Butadien-Copolymere, ihre Herstellung und Verwendung. Erf.: *Gino Dall'Asta, Antonio Carbonaro, Alberto Greco* u. *Italo Borhi*. Anm.: Montecatini Edison S.p.A., Mailand (It.) A. 23. 12. 69, O. 26. 11. 70. Kl.: 39b4, 15/40. A.-Z.: P 1964653. Prior.: 31. 12. 68 (It; A.-Z.: 25752 A/68). Entspr. FrP 2027457.

DOS 2019771. Vulkanisierte Terpolymerisate und Verfahren zu ihrer Herstellung. Erf.: *Giorgio Corradini, Guiseppe Ghelti, Sebastiano Cesca* u. *Sergio Arrighetti*. Anm.: Snam Progetti S.p.A., Mailand (It). A. 23. 4. 70, O. 29. 10. 70. Kl.: 39b4, 15/40, A.-Z.: P 2019771. Prior.: 23. 4. 69 (It; A.-Z.: 15875 A/69). Entspr. FrP 2039371.

USP 3574158 Zus. z. Pat. m. A.-Z.: 692677. A. 22. 12. 67. Anfärbbare Acrylnitrilpolymerkompositionen. Erf.: *Denis Coleman*. Inh.: American Cyanamid Co., Stamford, Conn. A. 10. 4. 68, B. 6. 4. 71. Kl. 260–29,6, Int. Kl.: C 08f 15/00, 45/24, 37/18. 17 Anspr. A.-Z.: 720329. Entspr. DOS 1816245, DOS 1817710, FrP 1597695 u. GBP 1236625.

USP 3575943. Verfahren zur Herstellung von Acrylnitril-Copolymeren. Erf.: *Jozef van der Loos, Johannes Ozzenheym, Franciscus A. Busschers* u. *Peter J. M. W. Claassen*. Inh.: Stamicarbon N. V., Heerlen (Nd). A. 25. 6. 69, B. 20. 4. 71. Kl.: 260–78,5, Int. Kl.: C 08f 15/36, 15/38, 15/40. 7 Anspr. A.-Z.: 836577. Prior.: 25. 6. 68 (Nd; A.-Z.: 6808960). Entspr. DOS 1932192.

SzP 508673. Formmasse auf Basis von Vinylchloridpolymeren. Erf.: *Antonio Ferri, Egidio Cerri* u. *Bruno Pozzer*. Inh.: Montecatini Edison S.p.A., Largo Guido Donegani 2, Mailand (It). A. 16. 1. 68. Int. Kl.: C 08f 29/24k A.-Z.: 633/68. Prior.: 17. 1. 67 (It; A.-Z.: 11563 A/67). Entspr. FrP 1566261.

GBP 1232453. Polypropylen-Formhompositionen. Inh.: Internationale Synthetic Rubber Co. Ltd. A. 2. 2. 68, B. 19. 5. 71. Kl.: C3. P, Int. Kl.: C 08f 29/02. A.-Z.: 5471/68.

GBP 1235133. Ternäre Kautschukmischung. Inh.: Esso Research & Eng. Co. A. 14. 10. 68, B. 9. 6. 71. Kl.: C3.P, Int. Kl.: C 08c 9/14, C 08d 9/02, C 08f 37/16. A.-Z.: 48563/68.

GBP 1231614. Polymerdispersionen. Inh.: Balm Paints Ltd. A. 2. 7. 68, B. 12. 5. 71. Kl.: C3. G, Int. Kl.: C 08f 43/00. A.-Z.: 31475/68. Prior.: 6. 7. 67 (Au; A.-Z.: 24202).

FrP 2055392. Als UV-Strahlen-Absorber anwendbare aromatische Aminoester. Inh.: Koninklijke Industrieele Maatschappik Noury & van der Lande N. V. A. 21. 7. 70, B. 11. 6. 71. Int. Kl. C 07c 103/00, 143/00, 147/00, C 08f 45/00. A.-Z.: 7026806. Prior.: 24. 7. 69 (Nd; A.-Z.: 6911367).

SUP 298606 (Urheberschein). Verfahren zur Stabilisierung von Polyolefinen. Erf.: *P. I. Levin, F. M. Egidis, N. N. Gorodeckaja, V. F. Petrova, E. G. Rosanceb, D. V. Ivanjukov, A. Ja. Borzenkova, M. M. Turtaeva, K. S. Kazarjan* u. *V. A. Iljasov*. A. 25. 4. 69, B. 16. 3. 71. Int. Kl.: C 08f 45/60. A.-Z.: 1317968/23–5.

SUP 304265 (Urheberschein). Polymermischung auf der Basis von Polyolefinen und eines stabilisierenden Zusatzes. Erf.: *V. P. Birjukov, S. M. Il'in, P. I. Levin, A. G. Litvinenko*, u. *O. I. Voroncova*. Anm.: Vsesojuznyi naučno-issledovatel'skij Institut plenočnych Materialov i iskusstvennoj Koži. A. 20. 11. 69, B. 55. 5. 71. Int. Kl.: C 08f 45/58. A.-Z.: 1380045/23-5.

SUP 304266 (Urheberschein). Polymermischung auf der Basis von Polyvinylchlorid und eines stabilisierenden Gemisches. Rrf.: *V. P. Birjukov, L. A. Skripko, S. N. Il'in, P. I. Levin, A. G. Litvinenko, O. I. Voroncova* u. *A. M. Charlamova*. Anm.: Vsesojuznyj naučno-issledovatel'skij Institut plenočnych materialov i iskusstvennoj Koži. A. 20. 2. 70, B. 25. 5. 71. Int. Kl.: C 08f 45/60. A.-Z.: 1405999/23-5.

USP 3574163. Mit Aminsalzen von Phosphinodithiosäuren stabilisierte Polyolefine. Erf.: *Stanley B. Mirviss* u. *Melvin M. Schlechter*. Inh.: Stauffer Chemical Co., New York, N. Y. A. 5. 12. 67, B. 6. 4. 71. Kl.: 260-45,8, Int. Kl.: C 08f 45/60. 4 Anspr. A.-Z.: 708459 (ausgesch. aus Pat. m. A.-Z.: 517950. A. 3. 1. 66). Entspr. FrP 1506966, u. GBP 1158989.

Klasse C 08g. Polykondensations- und Polyadditionsprodukte

DOS 1645451. Verfahren zur Herstellung makromolekularer Polyoxymethylene. Erf.: *Meindert Tiessens*, u. *Hubertus Johannes Vroomans*. Anm. Stamicarbon N. V., Heerlen (Nd). A. 28. 7. 65, O. 29. 10. 70. Kl.: 39b5, 1/02. A.-Z.: P 1645151 (St 24191). Prior.: 1. 8. 64 (Nd; A.-Z.: 6408845). Entspr. SzP 456153, FrP 1445057, GBP 1106534 u. USP 3419530.

DOS 1645453. Verfahren zur Herstellung makromolekularer Formaldehydpolymerisate. Erf.: *Jentje Bonnema* u. *Emanuel Pijpers, Maria Josef*. Anm.: Stamicarbon N. V., Heerlen (Nd). A. 24. 11. 65, O. 29. 10. 70. Kl.: 39b5, 1/02. A.-Z.: P 1645453 (St 54680). Prior.: 25. 11. 64 (Nd; A.-Z.: 6413656). Entspr. SzP 456154, FrP 1462524 u. GBP 1113506.

USP 3558562. Verfahren zur Herstellung wasserlöslicher Polyamide. Erf.: *David E. Kramm*, Inh.: W. R. Grace & Co., New York, N. Y. A. 21. 11. 67, B. 26. 1. 71. Kl.: 260-72, Int. Kl.: C 08g 9/04. 3 Anspr. A.-Z.: 684627. Entspr. DOS 1806207 u. FrP 1589999.

GBP 1236949. Katalytisches Verfahren zur Herstellung von Polyestern. Inh.: Imperial Chemical Industries Ltd. A. 30. 9. 69, B. 23. 6. 71. Kl.: C3,R, Int. Kl.: C 08g 17/015. A.-Z.: 47795/68. Entspr. DOS 1950997.

DOS 1645410. Verfahren zur Herstellung von transparenten Polyamiden. Erf.: *Karl Schmitt, Fritz Gude, Josef Disteldorf* u. *Werner Hübel*. Anm.: Veba-Chemie AG, 4660 Gelsenkirchen-Buer (BRD). A. 20. 3. 65, O. 3. 12. 70. Kl.: 39b5, 20/20. A.-Z.: P 1645410 (Sch 35739). Entspr. FrP 1471798 u. GBP 1320039.

DOS 1645457. Stabilisierung von Polyamiden. Erf.: *Gerardus Petrus Dikötter, Arnoldus Antonius Wilhelmus Schaapveld* u. *Pierre Joseph Franssen*, Anm.: Stamicarbon N. V. A. 2. 2. 66, O. 29. 10. 70. Kl.: 39b5, 2&/02. A.-Z.: P 1645457 (St 24937). Prior.: 2. 2. 65 (Nd; A.-Z.: 6501290). Entspr. SzP 461797, FrP 1466777, GBP 1108451 u. USP 3428597.

DOS 1645458. Stabilisierung von Polyamiden. Erf.: *Gerardus Petrus Dikötter, Arnoldus Antonius Wilhelmus Schaapveld* u. *Pierre Joseph Franssen*. Anm.: Stamicarbon N. V., Heerlen (Nd). A. 3. 2. 66, O. 29. 10. 70. Kl.: 39b5, 20/02. A.-Z.: P 1645458 (St 24946). Prior.: 4. 2. 68 (Nd; A.-Z.: 3501394). Entspr. SzP 461798, FrP 1466965, GBP 1109928 u. USP 3414537.

DOS 1645474. Herstellung hochmolekularer Polymerisationsprodukte. Erf.: *Johannes van Beveren* u. *Johannes van Mourik*. Anm.: Stamicarbon N. V., Herlen (Nd). A. 31. 10. 66, O. 29. 10. 70. Kl.: 39b5, 20/18. A.-Z.: P 1645474 (St 26060). Prior.: 3. 11. 65 (Nd; A.-Z.: 6514207). Entspr. SzP 469041, FrP 1501153 u. USP 3488326.

DOS 1645477. Die Herstellung von Polyamiden. Erf.: *Sebastian Elisabeth Maria Kooyman*. Anm.: Stamicarbon N. V., Heerlen (Nd). A. 30. 12. 66, O. 29. 10. 70. Kl.: 39b5, 20/20. A.-Z.: P 1645477. Prior.: 30. 12. 65 (Nd; A.-Z.: 6517122). Entspr. FrP 1506908 u. GBP 1145300.

GBP 1235376. Hochmolekulare Polyamide. Inh.: Imperial Chemical Industries Ltd. A. 1. 4. 69, B. 16. 6. 71. Kll: C3. R, Int. Kl.: C 08g 20/02, 20/20, 41/02, 51/56, 53/00. A.-Z.: 20668/68. Entspr. DOS 1922534.

USP 3558567. Verfahren zur Herstellung von Polyamid 6. Erf.: *Ian C. Twilley, David W. H. Roth jr.* u. *Robert A. Lofquist*. Inh.: Allied Chemical Corp., New York, N. Y. A. 28. 12. 67, B. 26. 1. 71. Kl.: 260-78, Int. Kl.: C 08g 20/00. 8 Anspr. A.-Z.: 694044. Entspr. DOS 1816481, SzP 507326 u. FrP 1598068.

USP 3575933. Verfahren zur Herstellung von Benzamidpolymeren. Erf.: *Erhard F. Hoegger, John R. Schaefgen* u. *Curtis W. Stephens*. Inh.: E. I. du Pont de Nemours & Co., Wilmington, Del. A. 28. 12. 67, B. 20. 4. 71. Kl.: 260-78, Int. Kl.: C 08g 20/20. 15 Anspr. A.-Z.: 694041. Entspr. DOS 1817198.

USP 3575936 Zus. z. Pat. m. A.-Z.: 537005. A. 24. 3. 66. Chemische und Hitzeumwandlung von Polyamidsäuren in Polyamide. Erf.: *Frank J. Dinan*. Inh.: E. I. du Pont de Nemours & Co., Wilmington, Del. A. 10. 2. 69, B. 20. 4. 71. Kl.: 260-78, Int. Kl.: C 08g 20/32. 17 Anspr. A.-Z.: 800355. A.-Z.: 537005 entspr. SzP 487966, FrP 1516516 u. GBP 1 135544.

USP 6575937. Ionische Polymerisation von Lactamen mit einem Derivat eines Carbonsäureesters eines Ketoxims als Promotor. Erf.: *Johan A. Bigot, Johannes van Mourik* u. *Johannes van Beveren*. Inh.: Stamicarbon N. V., Heerlen (Nd). A. 24. 7. 67, B. 20. 4. 71. Kl.: 260-78, Int. Kl.: C 08g 20/10. 5 Anspr. A.-Z.: 655270. Prior-: 4. 6. 66 (Nd; A.-Z.: 6610959). Entspr. SzP 484965, FrP 1531975 u. GBP 1168667.

USP 3575938 Zus. z. Pat. m. A.-Z.: 565076. A. 14. 7. 66. Katalysator für die anionische Lactampolymerisation. Erf.: *Paul A. Tierney*. Inh.: Monsanto Co., St. Louis, Mo. A. 8. 1. 69, B. 20. 4. 71. Kll: 260-78, Int. Kl.: C 08g 20/12. 9 Anspr. A.-Z.: 789946. A.-Z.: 565076 entspr. SzP 484964, FrP 1531135, u. GBP 1167738.

DOS 1645389 Zus. z. Pat.: 1470126 u. 1468398. Polyäthylenharnstoff. Erf.; *Jörg Strickrodt, Gerhard Blume* u. *Gerhard Hoffmann*. Anm.: Veba-Chemie GmbH, 3000 Hannover (BRD). A. 27. 9. 66, O. 2. 12. 70. Kl.: 39b5, 22/02. A.-Z.: P 1645389 (S 106130). Entspr. SzP 480385, FrP 1567543 u. GBP 1151560.

DOS 1918504. Segmentiertes Polyurethanelastomere. Erf.: *Wilhelm Thoma, Harald Oertel* u. *Heinrich Rinke*. Anm.: Farbenfabriken Bayer AG, 5090 Leverkusen (BRD). A. 11. 4. 69, O. 29. 10. 70. Kl.: 39b5, 22/04. A.-Z.: P 1918504. Entspr. FrP 2038400.

SUP 298609 (Urheberschein). Verfahren zur Stabilisierung von Polyurethanen. Erf.: *M. S. Fedoseev* u. *A. M. Fedoseeva*. A. 5. 8. 68, B. 16. 3. 71. Int. Kl.: C 08g 22/34. A.-Z.: 1264368/23-5.

SUP 303336 (Urheberschein). Verfahren zur Herstellung von Polyhydrazonen. Erf.: *E. V. Kuznecov, R. S. Batakireva* u. *V. I. Nikitina*. Anm.: Kazanskij chimiko-technologičeskij Institut Im. S. M. Kirova. A. 4. 7. 69, B. 13. 5. 71. Int. Kl.: C 08g 33/02. A.-Z.: 1345173/23-5.

SUP 304276 (Urheberschein). Verfahren zur Herstellung von Polybenzimidazochinazolinen. Erf.: *V. V. Koršak* u. *A. L. Rusanov*. Anm.: Institut élementoorganičeskich Soedinenij Akademii Nauk SSSR. A. 14. 11. 69, B. 55. 5. 71. Int. Kl.: C 08g 33/02. A.-Z.: 1379017/23-5.

GBP 1230493. Formaldehydpolymer-Kompositionen. Inh.: Soc. Italiana Resine S.p.A. A. 19. 2. 69, B. 5. 5. 71. Kl.: C3. P, Int. Kl.: C 08g 37/02. A.-Z.: 9044/69. Prior.: 7. 3. 68 (It; A.-Z.: 828449).

ČSP 139870. Verfahren zur Herstellung von Preßmassen, insbesondere für Hochdrücke, aus thermoreaktiven Harzen, die mit mineralischen oder pflanzlichen Fasern und Füllstoffen verstärkt werden. Erf.: *Cornelius Hendrikus Josephus van Herpt*. A. 8. 3. 66, B. 17. 6. 70. Kl.: 39b, 22/01, Int. Kl.: C 08g 39/00, 45/00. A.-Z.: 1561-66. Prior.: 9. 3. 65 (Nd; A.-Z.: 6502959). Entspr. FrP 1470930.

GBP 1227756. Zusammengesetzte Materialien. Inh.: Courtaulds Ltd. A. 9. 8. 68, B. 7. 4. 71. Kl.: C3. R. Int. Kl.: C 08g 51/10, 51/16. A.-Z.: 36977/67. Entspr. SzP 507 339.

SUP 304268 (Urheberschein). Mischung auf der Basis von Polymeren des 3,3-bis-(Chlormethyl)-oxacyclobutans und Stabilisator vom Phenoltyp. Erf.: *S. S. Chin'kis, A. T. Emel'janova, F. M. Egidis* u. *E. K. Grebenjukova*. A. 8. 12. 69, B. 25. 5. 71. Int. Kl.: C 08f 51/62. A.-Z.: 1384558/23-5.

GBP 1235289. Verfahren zur Herstellung von gefärbten Polymeren für farbige Textilien und Filme. Inh.: Imperial Chemical Industries Ltd. A. 25. 11. 68, B. 9. 6. 71. Kl.: C3. P, Int. Kl.: C 08f 7/12, 19/00. A.-Z.: 54126/67.

DOS 1643880. Verwendung der Umsetzungsprodukte von Phenolderivaten mit Phosphorverbindungen als Stabilisatoren für Polymere. Erf.: *Heinz Eggensberger, Volker Franzen*, u. *Hans Stephan*. Anm.: Deutsche Advance Produktion GmbH, 6141 Lautern (BRD). A. 12. 8. 67, O. 3. 12. 70. Kl.: 39b8, 1/60, A.-Z.: P 1643880 (D 53849). Entspr. OeP 284464, FrP 1584126 u. GBP 1232039.

USP 3576005 Zus. z. Pat. m. A.-Z.: 901346. A. 13. 12. 66; u. Pat. m. A.-Z.: 242889. A. 7. 12. 62. Bis-heterocyanoacrylamide. Erf.: *Albert F. Strobel* u. *Sigmund C. Catino*. Inh.: GAF Corp., New York, N. Y. A. 28. 2. 69, B. 20. 4. 71. Kl.: 260-332, 2, Int.: Kl.: C 09b 23/00. 18 Anspr. A.-Z.: 803422. A.-Z.: 242889 entspr. GBP 1078569.

Sektion D

Textilien und Papier

TEXTILIEN

Klasse D 01. Natürliche und künstliche Fäden und Fasern; Spinnen

Klasse D 01b. Mechanische Behandlung von natürlichen faserigen oder fadenförmigen Stoffen zur Gewinnung von Fasern oder Fäden, z. B. zum Verspinnen

SUP 262313 (Urheberschein). Vorrichtung zur Verdichtung der Flachsstengel im Behälter des Schichtbildungsmechanismus. Erf.: *S. I. Antonov*. A. 23. 12. 68, B. 26. 1. 70. Kl.: 29a, 2/01, Int. Kl.: D 01 b. A.-Z.: 1291716/28-12.

SUP 262315 (Urheberschein). Vorrichtung zur Bildung von Schichten feuchten Flachsstrohs. Erf.: *A. N. Lukinov*. Anm.: Gosudarstvennyj Institut po Proektirovaniju Predprijatij trikotažnoj i švejnoj Promyšlennosti. A. 4. 7. 68, B. 6. 1. 70. Kl.: 29a, 2/03, Int. Kl.: D 01b. A.-Z.: 1253143/28-12.

SUP 264603 (Urheberschein). Vorrichtung zum Beuchen von Flachs, Leinen, Hanf, Kenaf und anderen Bastfaserstoffen. Erf.: *V. A. Belych*. Anm.: Central'nyi naučno-issledovatel'skij Institut Promyšlennosti lubjanych Volokon. A. 17. 5. 68, B. 3. 3. 70. Kl.: 29a, 2/03 (29b, 20/1), Int. Kl.: D 01b, D 04c. A.-Z.: 1240725/28-12.

Klasse D 01d. Mechanisches Verfahren und Vorrichtungen für die Herstellung von künstlichen Fäden, Gespinsten, Fasern, Borsten oder Bändern

FrP 2054726. Düse zur Herstellung von Chemiefäden mit nichtrundem Querschnitt . Inh.: Société Rhodiaceta. A. 24. 7. 69, B. 11. 6. 71. Int. Kl.: D01d 3/00. A. Z.: 6925279.

GBP 1234700. Spinndüse. Inh.: Chisso Corp. A. 29. 7. 69, B. 9. 6. 71. Kl.: B5.B, Int. Kl.: D 01d 3/00. A.-Z.: 37904/69.

SUP 305217 (Urheberschein). Düsenteil zu Maschinen für die Herstellung von Synthesefasersto(f. Erf.: *V. A. Lapin, O. V. Ponomarev, G. A. Golubev.* Anm.: Special'noe konstruhtorsho-technologičeskoe Bjuro Mašin chimičeskich Volokon. A. 20. 3. 69, B. 4. 6. 71. Int. Kl.: D 01d 3/00. A.-Z.: 1314675/28-12.

DOS 1905925. Verfahren zur Herstellung von gekräuselten konjugierten Spaltfasern. Erf.: *Masahide Yazawa, Yoshiaki Murono* u. *Kazuhiko Kurihara.* Anm.: Polymer Processing Research Institute Ltd., Tokio (Ja). A. 6. 2. 69, O. 29. 10. 70. Kl.: 29a, 6/06. A.-Z.: P 1905925.

DOS 2021252. Verfahren zur Erzeugung eines synthetischen Kunststoffadens mit latenter Wellung und nach dem Verfahren erhaltener Faden. Erf.: *Giacomo Cerutti.* Anm.: Bemberg Societa per Azioni, Mailand (It). A. 30. 4. 70, O. 26. 11. 70. Kl.: 29a, 6/31. A.-Z.: P 2021252. Prior.: 19. 5. 69 (It; A.-Z.: 16977 A/69). Entspr. FrP 2047833.

SzP 509417. Verfahren zur Herstellung eines Fadens aus synthetischem Material und Vorrichtung zur Durchführung dieses Verfahrens. Erf.: *Alain Javet.* Inh.: Battelle Memorial Institute, 7, rte de Drize, Carouge-Genève. A. 13. 5. 69. Int. Xl.: D 01d 5/18. A.-Z.: 7326/69.

GBP 1229793. Verfahren zur Herstellung eines Films aus spaltfaserbildendem Material. Inh.: O.-B. Rasmussen. A. 29. 5. 68, B. 28. 4. 71. Kl.: B5.B, Int. Kl.: D 01d 5/00. A.-Z.: 24837/67. Entspr. FrP 1572576.

GBP 1235121. Herstellung von garnähnlichen Materialien durch Fibrillieren. Inh.: Imperial Chemical Industries Ltd. A. 8. 1. 69, B. 9. 6. 71. Kl.: B5.B, Int. Kl.: D 01d 5/00. A.-Z.: 4003/68. Entspr. DOS 1903650 u. FrP 2000754.

GBP 1235122. Herstellung fadenförmiger Materialien durch Fibrillieren. Inh.: Imperial Chemical Industries Ltd. A.30. 7. 69, B. 9. 6. 71. Kl.: B5 B, Int. Kl.: D 01d 5/00. A.-Z.: 39488/68. Entspr. DOS 1942166 u. FrP 2015928.

Klasse D 01f. Chemische Gesichtspunkte bei der Herstellung von künstlichen Fäden, Gespinsten, Fasern, Borsten oder Bändern

DOS 1925210. Teilmattierte Streckgaletten. Erf.: *Bernhard Mohr* u. *Heinz Engel.* Anm.: Glanzstoff AG, 5600 Wuppertal (BRD). A. 17. 5. 69, O. 26. 11. 70. Kl.: 29a, 6/31. A.-Z.: P 1925210. Entspr. FrP 2048459.

DOS 1494660. Verfahren zur Herstellung von Acrylnitrilpolymerisatfasern mit verbessertem Weißgrad. Erf.: *Corrado Mazzolini* u. *Carlo Gabutti.* Anm.: Monsatno Co., St. Louis, Mo. (US). A. 27. 6. 63, O. 3. 12. 70. Kl.: 29b, 3/65. A.-Z.: P 1494660 (M 57340). Prior.: 27. 6. 62 (It; A.-Z.: 24817). Entspr. GBP 1001995 u. SvP 305924.

USP 3558765. Wasch- und Neutralisationsverfahren für Synthesefasern. Erf.: *Atbert H. Bruner* u. *Thomas B. Truscott.* Inh.: Monsanto Co., St. Louis, Mo. A. 30. 10. 67, B. 26. 1. 71. Kl.: 264–233, Int. Kl.: D 01f 3/08, B 29b 11/22. 6 Anspr. A. Z.: 678904.

DOS 1920482. Verfahren zur Herstellung von Fäden und Fasern aus Poly-β-amiden. Erf.: *Ernst Höroldt.* Anm.: Farbwerke Hoechst AG vorm. Meister Lucius & Brüning, 6230 Frankfurt (BRD). A.23.4.69, O. 12.11.70. Kl.: 29b, 3/60. A.-Zl: P 1920482. Entspr. FrP 2046409.

FrP 2055176. Faserstoffe für Acryltextilien. Erf.: *P. Melacini, G. Busato* u. *L. Patron.* Inh.: Chatillon Soc. An. Italiana per le Fibre Tessili Artificiali, S.p.A. A. 16. 7. 70, B. 11. 6. 71. Int. Kl.: D 01f 7/00. A. Z.: 7026137. Prior.: 17. 7. 69 (It; A.-Z.: 19739 A/69).

SUP 302425 (Urheberschein). Verfahren zum Färben von Chemiefaserstoffen. Erf.: *S. I. Kutkevičus, I. A. Degutis, Ju. I., Lakštauskas G. I. Legkobitova, Ž. I. Povetkin, V. A. Dejkun, V. G. Vasil'eva, A. A. Kazakevičus, D. P. Kaušakite, R. I. Šablinskas* u. *D. A. Daraškajte.* A. 3. 5. 67, B. 28. 4. 71. Int. Kl.: D 01f 7/20, D 06p 1/12. A.-Z.: 1151536/23-5.

Klasse D 01g. Vorbehandlung der Fasern z. B. zum Verspinnen

SUP 260808 (Urheberschein). Faserreiniger. Erf.: *A. I. Krygin* u. *R. F. Gabasov.* A. 28. 11. 66, B. 6. 1. 70. Kl.: 29a, 1, Int. Kl.: D 01b. A.-Z.: 1115190/28-12.

Klasse D 02. Garne; mechanische Veredlung von Garnen oder Seilen: Schären oder Bäumen

Klasse D 02g. Kräuseln oder Krimpfen (Texturieren) von Fasern, Zwirnen oder Garnen: Garne oder Zwirne

GBP 1231132. Fadentexturiermaschinen. Inh.: VEB Spinn- und Zwirnereimaschinenbau Karl-Marx-Stadt. A. 28. 8. 69, B. 12. 5. 71. Kl.: D1.F, Int. Kl.: D 02g 1/12. A.-Z.: 42893/69.

GBP 1236755. Verfahren zur Herstellung multifiler Fäden zur Verwendung in Pelzstoffen. Inh.: Algemene Kunstzijde Unie N. V. A. 12. 8. 68, B. 23. 6. 71. Kl.: D 1.W, Int. Kl.: D 02g 1/20. A.-Z.: 38385. Prior.: 12. 8. 67 (Nd; A.-Z.: 6711130). Entspr. FrP 1575307.

SUP 302414 (Urheberschein). Verfahren zur Herstellung von Hochbauschfäden. Erf.: *L. P. Sebina, V. A. Usenko, Ju. V. Dodonkin.* Anm.: Moskovskij tekstil'nyi Institut. A. 10. 4. 69, B. 28. 4. 71. Int. Kl.: D 02g 1/02. A.-Z.: 1322459/28-12.

GBP 1230030. Garn und Verfahren zur Herstellung des Garns. Inh.: Dow Chemical Co. A. 22. 8. 69, B. 28. 4. 71. Kl.: D 1.F, Int. Kl.: D 02g 3/00, 3/02, 3/04, 3/22, 3/40, D 02j 1/02, 1/18. A.-Z.: 42067/69.

USP 3557544. Kompositionen und daraus hergestelltes Garn. Erf.: *Frank Holmes Simons.* Inh.: Riber Industries Inc. A. 9. 3. 67, B. 26. 1. 71. Kl.: 57–140, Int. Kl.: D 02g 3/02. A.-Z.: 621867. 12 Anspr. Entspr. GBP 1221123.

PAPIER

Klasse D 21. Papierherstellung: Gewinnung von Cellutose bzw. Zeltstoff

Klasse D 21b. Faserige Rohstoffe und ihre mechanische Behandlung

Klasse D 21b 1/00. Faserige Rohstoffe und ihre mechanische Behandlung

DOS 2018366. Verfahren zur Herstellung von Zellstoffbrei. Erf. u. Anm.: *Frank Benfamin Kitchener Green,* Portland Oreg., (US). A. 16. 4. 70, O. 29. 10. 70. Kl.: 55b, 1/01. A.-Z.: P 2018366. Priorl: 16. 4. 69 (US; A.-Z.: 816578).

USP 3574052. Chemisches Aufschließen und Bleichen durch Reduktion von Chlorat in einer geschlossenen Reaktionszone. Erf.: *Gothe Oscar Westerlund* u. *Kin Seto.* Inh.: Chemech Engineering Ltd., Vancouver, British Columbia (Ca). A. 7. 7. 67, B. 6. 4. 71. Kl.: 162-64, Int. Kl.: D 24c 3/06. 22 Anspr. A.-Z.: 651712. Prior.: 28. 2. 67 (Ca; A.-Z.: 983967).

USP 3575791. Geneigter kontinuierlicher Kocher mit mechanischen Förderschnecken mit abnehmender Länge. Erf.: *Hjalmar S. Messing.* Inh.: Mary Agnes Messing, Fort Fairfield, Maine. A. 1. 5. 67, B. 20. 4. 71. Kl.: 162-236, Int. Kl.: D 21c 7/00. 11 Anspr. A.-Z.: 635012.

Sektion G Physik

Klasse G 01 Messen.

Klasse G 01l. Instrumente zur Kraftmessung, z. B. Dynamometer, Druckmesser, Indikatoren, Geräte zum Messen der Festigkeit und Flüssigkeitsdichte

USP 3557615. Vorrichtung zum Auffinden von Fehlern in einem länglichen fortbewegten Faserband. Erf.: *James O. Seymour jr.* u. *Hendrick B. F. Agterhuis.* Inh.: Westinghouse Electric Corp., Pittsburgh, Pa. A. 27. 5. 69, B. 26. 1. 71. Kl.: 73-160, Int. Kl.: G 01l 5/00, B 65h 25/00. 10 Ansprl. A.-Z.: 828196.

SUP 304484 (Urheberschein). Verfahren zur Bestimmung der relativen Molekülmasse und der Verteilung der relativen Molekülmassen von Polymeren. Erf.: *V. L. Jusfin.* Anm.: Naučno-issledovatel'skij Institut plastičeskich Mass. A. 24. 10. 64, B. 25. 5. 71. Int. Xl.: G 01n 21/02. A -Z.: 926801/26-25.

Literaturschau

Auszug aus Lieferung 1 und 2/1972 der Literaturschau „Faserstoffe und Textiltechnik", zusammengestellt von der Abteilung Information und Dokumentation des Instituts für Polymerenchemie der DAW, 153 Teltow-Seehof, Kantstr. 55

I. Wissenschaftliche Grundlagen

Allgemeines

(Untersuchungsmethoden u. a.)

In der Polymerwissenschaft gibt es noch Probleme. Chem. engng. News **49** (1971) 40, S. 45.

Jinescu, V. V.: Viskoelastische Körper. I. Viskoelastisches Verhalten der Materie. Materiale plast., Bucureşti **8** (1971) 10, S. 511–520.

Nakayama, A., Ohsawa, T., Mihira, K.: Messung der Teilchengröße in Verbundstoffen mit dispergierten Teilchen. Kobunshi Kagaku, Tokyo (Chem. High Polymers) **28** (1971) 317 (9) S. 715–718, 3 Lit. (jap,; engl. Zusammenfass.).

Gottschalk, G.: Systemtheorie in der Analytik. I. Definitionen und Interpretationen systemtheoretischer Grundbegriffe. Fresenius' Z. analyt. Chemie **256** (1971) 4, S. 257–270.

Physik und Chemie der Hochpolymeren

Philpott, M. R.: Kopplungstheorie für Elektronenanregung und Schwingungsanregung bei molekularen Kristallen und Helixpolymeren. J. chem. Physics **55** (1971) 5, S. 2039–2054.

Porejko, St., Członkowska-Kohutnicka, Z.: Beurteilung der Verteilung der relativen Molekülmassen in verzweigten Polyäthylenen mit Hilfe der turbidimetrischen Titration. Polimery, Warszawa **16** (1971) 7, S. 313 bis 318.

Peterlin, A., Williams, J. L.: Bestimmung der zugänglichen Oberfläche von porösen Polymeren aus dem Übergangsverhalten der Sorptionsisothermen. J. colloid interface Sci. **32** (1971) 4, S. 654–656.

Nanassy, A. J., Desai, R. L.: ESR-Untersuchungen der Wirkung von Lignin und Gasen auf den photochemischen Abbau von Cellulose durch UV-Strahlung. J. appl. Polymer Sci. **15** (1971) 9, S. 2245–2257.

Rossbach, V., Nissen, D.: Einfache Herstellung aus Lösungsmitteln gegossener Filme für die IR-Spektroskopie. Polymer, London **12** (1971) 10, S. 655–657.

Mally, A.: Nutzungsmöglichkeiten der Mikroskopie zur Analyse der Beschaffenheit von durch Pfropfpolymerisation modifizierten Viskosefaserstoffen. Teil I. Qualitative Untersuchung von durch Pfropfpolymerisation mit Acrylnitril modifizierten Viskosefasern. Faserforsch. u. Textiltechnik **22** (1971) 11, S. 525–534.

Fakirov, S., Simov, D., Michailov, M.: Elektronenmikroskopische Untersuchungen über Strukturveränderungen an Polyäthylenterephthalatfasern infolge Temperaturbehandlung. Faserforsch. u. Textiltechnik **22** (1971) 11. S. 554–559.

Shirley, D. A.: Einfluß der Molekülgeometrie, Orientierung und Dynamik auf das Winkelkorrelationsverhalten von bezüglich ihrer Rotation markierten Makromolekülen. J. chem. Physics **55** (1971) 4, (Teil 1) S. 1512 bis 1521.

Motels, Z. N., Signal, M. B., Nosov, M. P., Gojchman, A. S., Slucker, L. I., Brener, I. R.: Über die Veränderung der Struktur von Polyfen-Faserstoff beim Recken. Chim. Volokna (Chem. Fasern) (1971) 6, S. 45–46.

Sanchez, Isaac C., DiMarzio, E. A.: Theorie des Wachstums von Polymerkristallen in verdünnter Lösung: Eine kinetische Theorie der Kettenfaltung. J. chem. Physics **55** (1971) 2, S. 893–908.

Brand, P.: Röntgenographische Untersuchungen an Polyäthylenwachsen. II. Über eine Möglichkeit zur Bestimmung des Ordnungsgrades von Hochpolymeren aus bei verschiedenen Temperaturen aufgenommenen Röntgenstreukurven. Faserforsch. u. Textiltechnik **22** (1971) 12, S. 595–598.

Wilkes, G. L.: Messung der molekularen Orientierung in festen Polymeren. Advances Polymer Sci./Fortschritte Hochpolymeren-Forsch. **8** (1971) S. 91–136 (engl.).

Krašennikov, A. J., Stupen', L. V., Malachov, R. A.: Abhängigkeit der strukturmechanischen Eigenschaften von Suspensionen eines Acrylnitril/Methylacrylat-Copolymeren von der Oberflächenbeschaffenheit seiner Teilchen. Kolloid. Ž., Moskva **33** (1971) 6, S. 854–857.

Vollmert, B., Stutz, H.: Zur Struktur von konzentrierten Polymerlösungen und Gelen. I. Reaktion von OH-Gruppen enthaltenden Polyacrylsäurebutylestern mit Isocyanatgruppen oder Säurechloridgruppen enthaltenden Polyacrylsäurebutylestern. Angew. makromol. Chemie, Basel **20** (1971) S. 71–101.

Tichomirov, V. S., Bjalynickaja, O. I., Serenkov, V. I.: Veränderung des Kristallisationsgrades von Polypropylen unter Einwirkung von γ-Strahlung. Plast. Massy, Moskva (Plast. Massen) (1971) 10, S. 20–22.

Turska, E., Gogolewski, S.: Untersuchung zur Kristallisation von Polyamid 6 (Polycaproamid). Teil 1. Isotherme Kristallisation. Teil 2. Einfluß der relativen Molekülmasse auf die isotherme Kristallisationskinetik. Polymer, London **12** (1971) 10, S. 616–628; 629–641.

Heterogene Keimbildung in einer Polymerschmelze. Nature, London **233** (1971) 5322, S. 592.

Christ, B., jr.: Spin-Gitter-Relaxation bei den Endgruppen von ataktischen Polystyrolen. J. Polymer Sci., A-2: Polymer Physics **9** (1971) 9, S. 1719–1724.

Kato, K.: Bildung von 2,4-Dinitrophenylhydrazon an der Oberfläche von UV-bestrahlten Polystyrolfilmen. I. Einfluß auf die Bildung von 2,4-Dinitrophenylhydrazon. J. appl. Polymer Sci. **15** (1971) 9, S. 2115–2122.

Clough, S. B.: Schmelzen von gereckten Polyäthylenfilmen. J. appl. Polymer Sci. **15** (1971) 9, S. 2141–2148,.

Hinrichsen, G.: Untersuchungen zum Schmelzen von Polyacrylnitril. Angew. makromol. Chemie, Basel **20** (1971) S. 121–127.

Scholte, Th. G.: Bestimmung der thermodynamischen Parameter von Polymer/Lösungsmittel-Systemen durch Lichtstreuungsmessungen unterhalb der Thetatemperatur. J. Polymer Sci., A-2: Polymer Physics **9** (1971) 9, S. 1553–1577.

Fritzsche, P.: Zur fraktionierten Fällung von Acrylnitrilpolymeren. I. Die Methode. II. Probleme der Auswertung. Faserforsch. u. Textiltechnik **22** (1971) 11, S. 535–540, 12, S. 599–603.

Rafler, G., Reinisch, G.: Methodische Untersuchungen zur phasentrennenden Fraktionierung von Polycaprolactam. Angew. makromol. Chemie, Basel **20** (1971) S. 57–69.

Alsleben, H., Jehring, H., Philipp, B., Dautzenberg, H.: Wechselstrompolarographische Untersuchungen an Carboxylmethylcellulosen. Faserforsch. u. Textiltechnik **22** (1971) 12, S. 581–586.

Krebs, K. F., Wunderlich, W.: Die Ermittlung der Teilchengrößenverteilung von Polymer-Dispersionen durch Gelchromatographie. Angew. makromol. Chemie, Basel **20** (1971) S. 203–205.

Goodman, N., Morawetz, H.: Reaktionskinetik in verdünnten Lösungen von Kettenmolekülen mit statistisch verteilten reaktiven und katalytischen Kettensubstituenten. II. Abhängigkeit der Ringschlußwahrscheinlichkeit vom Lösungsmittel und der Art der Hauptkette. J. Polymer Sci., A-2: Polymer Physics **9** (1971) 9, S. 1657–1668.

Natov, M., Vassileva, St.: Über die Standzeit thermoplastischer Polymerer. Angew. makromol. Chemie, Basel **20** (1971) S. 181–195.

Ogino, K., Taka, H.: Untersuchung des thermischen Verhaltens von Polyvinylchlorid in Gegenwart von Schwermetallseifen. Kobunshi Kagaku, Tokyo (Chem. High Polymers) **28** (1971) 316 (8), S. 700–705 (jap.; engl. Zusammenfass.).

Fischer, Wm. H., Lodge, J. P., jr.: Bildung von Partikeln bei der Pyrolyse von Polymeren: Einfluß von Kohlenmonoxid. J. appl. Polymer Sci. **15** (1971) 9, S. 2091–2101.

Kodama, M.: Mechanische Eigenschaften von vorgequollenen Polymernetzwerken: Polyhydroxyäthylenmethacrylat- und Polymethylmethacrylat-Netzwerke. Kobunshi Kagaku, Tokyo (Chem. High Polymers) **28** (1971) 317 (9), S. 746–750 (jap.; engl. Zusammenfass.).

Alvino, W. M.: Ultraviolett-Stabilität von Polyimiden und Polyamidimiden. J. appl. Polymer Sci. **15** (1971) 9, S. 2123–2140.

Ochiai, H., Gekko, K., Yamamura, H.: Sorptionseigenschaften von Polypropylen. J. Polymer Sci., A-2: Polymer Physics **9** (1971) 9, S. 1629–1640.

Machida, S., Narita, H., Katsura, T.: Flockungseigenschaften von Cellulose-Acrylamid-Pfropfcopolymeren. Angew. makromol. Chemie, Basel **20** (1971) S. 47–56 (engl.).

Schönert, H.: Zum Transport einer gelösten polymeren Substanz, die reversibel assoziiert oder isomerisiert. Ber. Bunsenges. physik. Chemie **75** (1971) 10, S. 1141.

Paul, D. R., Ebra-Lima, O. M.: Der Mechanismus des Flüssigkeitstransportes durch gequollene Polymermembranen. J. appl. Polymer Sci. **15** (1971) 9, S. 2199–2210.

Sakaguchi, Y., Yamada, J., Tamaki, K., Nishino, J.: Hydrolyse von n-Butylacetat mit verschiedenen polymeren Sulfonsäuren. Kobunshi Kagaku, Tokyo (Chem. High Polymers) **28** (1971) 317 (9), S. 755–760 (jap.; engl. Zusammenfass.).

Stivala, S. S., Jadrnicek, B. R., Reich, L.: Die durch Eisensalze katalysierte Autoxydation von ataktischem Polypropylen. J. appl. Polymer Sci. **15** (1971) 9, S. 2185–2197.

Physik und Chemie der Monomeren und Oligomeren

Ito, E., Okajima, S.: Untersuchungen über cyclisches Trisäthylenterephthalat. Polymer, London **12** (1971) 10, S. 650–655.

Seeboth, H., Mischke, R.: Untersuchungen zur Verwertung von Acetonitril. Chem. Technik **23** (1971) 12, S. 746–748.

Kopylova, B. V., Dostovalova, V. I., Frejdlina, R. Ch.: Telomerisation von Acrylnitril mit o-Tolyldiazoniumchlorid unter Bedingungen der Meerwein-Reaktion. Dokl. Akad. Nauk SSSR (Ber. Akad. Wiss. UdSSR) **201** (1971) 3, S. 612–614.

Isaguljanc, V. I., Anufrieva, N. M.: Katalytisches Verfahren zur Synthese von 2-substituierten Benzoxazolen durch Kondensation von o-Aminophenolen und Monocarbonsäuren. Ž. prikl. Chimii (Z. angew. Chemie) **44** (1971) 10, S. 2345–2348.

Polymerisation

Sperling, L. H., Arnts, R. R.: Gleichzeitig ineinandergreifende Netzwerke. J. appl. Polymer Sci. **15** (1971) 9, S. 2317–2319.

Solomon, O. F., Vasilescu, D. S.: Struktur und Reaktionsfähigkeit bei der Copolymerisation. II. Verfahren zur Bestimmung der Copolymerisationskonstanten. Materiale plast., Bucureşti **8** (1971) 9, S. 462–469.

Plesch, P. H.: Kettenwachstumskonstanten bei den kationischen Polymerisationsvorgängen. Advances Polymer Sci./Fortschritte Hochpolymeren-Forsch. **8** (1971) S. 137–154 (engl.).

Fiala, V., Lidarik, M.: Benzyldimethylamin-katalysierte Copolyaddition von Benzoesäureglycidylester mit Hexahydrophthalsäureanhydrid. Angew. makromol. Chemie, Basel **20** (1971) S. 103–110.

Kolesnikov, G. S., Fedotova, O. Ja., Doneckij, I. A., Grozdov, A. G., Frejdlin, E. G.: Untersuchung der Polykondensationskinetik von Salzen aus Dicarbonsäure-Äthern und aliphatischen Diaminen mit Hilfe der dynamischen Thermogravimetrie. Vysokomol. Soed. (Hochmol. Verbind.) Serie A **13** (1971) 11, S. 851–855.

Uhlig, E., Teichmann, R.: Pfropfpolymerisation auf Cellulose nach der Mangan(IV)-Methode. I. Synthese der Pfropfprodukte. Faserforsch. u. Textiltechnik **22** (1971) 12, S. 610–617.

Králiček, J., Kondelikova, J., Křivinková, D.: Der Einfluß der Substituenten auf die Polymerisation von siebengliedrigen Lactamen. III. Synthese und Polymerisation von 7-Hydroxycyclohexyl)perhydro-2-azepinon. Coll. czechoslov. chem. Commun. **36** (1971) 9, S. 3275–3281.

Nowakowska, M., Uhniat, M., Rybczyk, M.: Über die Möglichkeit der Regulierung des Fließindexes von Polyäthylen durch eine Aktivierung des katalytischen Systems $TiCl_4Al(C_2H_5)_2Cl$. Polimery, Warszawa **16** (1971) 7, S. 311–313.

Blumstein, A., Parikh, K. K., Malhotra, Sh. L., Blumstein, R.: Polymerisation von monomolekularen Schichten. VI. Einfluß der Art des austauschbaren Ions auf die Taktizität von einpolymerisiertem Polymethylmethacrylat. J. Polymer Sci., A-2: Polymer Physics **9** (1971) 9, S. 1681–1691.

Topčiev, A. D., Šakirov, R. Z., Čudakova, I. K., Styrlina, L. V., Kabanov, V. A.: Über die Besonderheiten der Copolymerisation von Methacryl- und Maleinsäure in wäßrigen Lösungen. Vysokomol. Soed. (Hochmol. Verbind.) Serie A **13** (1971) 11, S. 821–824.

Nikolaev, A. F., Belogorodskaja, K. V., Sibalovič, V. G., Starevskaja, G. P.: Polymerisation von Methylmethacrylat und Vinylacetat in Gegenwart von Mangan(III)-diacetylacetonattrifluoracetat. Vysokomol. Soed. (Hochmol. Verbind.) Serie A **13** (1971) 11, S. 837–842.

Adrova, N. A., Koton, M. M., Maričeva, T. A., Berezko, L. A.: Synthese von Polymeren mit alternierenden Imid- und Oxadiazolringen in der Hauptkette. Vysokomol. Soed. (Hochmol. Verbind.) Serie A **13** (1971) 11, S. 824–827.

Furutu, M., Yuki, Y., Nagano, M.: Darstellung und Polymerisation von einigen Isopropenyl-s-triazinen. Kobunshi Kagaku, Tokyo (Chem. High Polymers) **28** (1971) 317 (9), S. 766–768 (jap.; engl. Zusammenfass.).

Sonderfragen

Beljakov, V. K., Michajlopulo, I. A., Vinogradov, S. V.: Einfluß der Methode des Zusetzens von Antioxydantien auf ihre Wirksamkeit. Vysohomol. Soed. (Hochmol. Verbind.) Serie A **13** (1971) 11, S. 858–862.

Dautzenberg, H., Schumann, J., Philipp, B.: Zur Kinetik der Umsetzung von Natriumdisulfid mit CS_2 zu Perthiocarbonat. Faserforsch. u. Textiltechnik **22** (1971) 11, S. 546–548.

Kropf, H., Bernert, Cl.-R.: Organische Peroxide. VII. Verhalten von Phenyl- und Benzyl-tert-butylhydroperoxiden bei thermischer Zersetzung. Hock- und Criegee-Umlagerung. Liebigs Ann. Chemie **751** (1971) S. 109–120.

II. Faserstoffe. Ausgangsstoffe usw.

Skalski, J.: Was man über die nach Polen eingeführten Schädlinge wissen muß. Technik włókienn. (Textiltechn.) **20** (1971) 7, S. 913–194.

Rau, J. H., Welz, M.: Über reaktive Fasern. Melliand Textilber. internat. **52**, (1971) 11, S. 1342–1317.

Stepniczka, H., Dipietro, J.: Entflammbarkeitskennwerte von Baumwolle und Polyesterfaserstoff. J. appl. Polymer Sci. **15** (1971) 9, S. 2149–2172.

Naturfaserstoffe

Pflanzliche Faserstoffe

Čaner, K.: Verfahren zur Bestimmung der Qualität und Quantität der Flachsfasern in den Stengeln. Tekstil. Prom., Sofija (Textil-Ind.) **20** (1971) 7/8, S. 380–384.

Shenouda, S. G., Viswanathan, A.: Kristalliner Charakter von nativer und chemisch behandelter ägyptischer Baumwolle. I. Berechnung von Kristallinität, Unordnungsparameter, Orientierungsfaktor und Spiralwinkel. J. appl. Polymer Sci. **15** (1971) 9, S. 1259–2275.

Vorschau auf die Zukunft der Baumwolle. Textile Manuf. **97** (1971) 1160, S. 339.

Tierische Faserstoffe

Węcławowicz, M.: Die Weltproduktion an Wolle und ihr Einsatz in der Textilindustrie. Technik włókienn. (Textiltechn.) **20** (1971) 7, S. 194–198.

Moncrieff, R. W.: Kutikulastruktur von keratinhaltigen Fasern. Internat. Dyer, Textile Printer, Bleacher, Finisher **146** (1971) 4, S. 207–208.

Varma, D. S., Sarkar, R. K.: Eine Untersuchung des thermischen Verhaltens von Pfropfcopolymeren von Wolle und Methylmethacrylat. J. appl. Polymer Sci. **15** (1971) 9, S. 2173–2183.

Chemiefaserstoffe

Cellulose und Zellstoff

Gugnin, Ju. A., Bujnickaja, M. I., Perminov, E. D., Dolinko, V. V., Nikitin, A. V.: Gebleichter Sulfatzellstoff aus Lärchenholz. Bumaž. Prom. (Papier-Ind.) (1971) 12, S. 4.

Schwager, G., Wöllner, Kl., Schleicher, H., Philipp, B.: Untersuchungen zur Optimierung des Alkalisierprozesses von Viskosezellstoffen aus Buche im Vergleich zu Fichtenzellstoff. Faserforsch. u. Textiltechnik **22** (1971) 12, S. 592–595.

Regeneratfaserstoffe

Cichowski, Z., Grams, W., Modrzejewski, B.: Automatische Bestimmung der kolloidchemischen Viskosereife. 2. Mitteilung. Faserforsch. u. Textiltechnik **22** (1971) 11, S. 549–553.

Serkov, A. T., Primkulov, M. T., Kotomina, I. N.: Primäre und sekundäre Strukturbildung beim Ausfällen von Cellulosexanthogenat aus konzentrierter Lösung. Vysokomol. Soed. (Hochmol. Verbind.) Serie B: Kratkie Soobšč. (Kurzmitt.) **13** (1971) 10, S. 725–729.

Kaszynski, A.: Die Nachreifetemperatur als ein die Viskoseeigenschaften bestimmender Faktor. Faserforsch. u. Textiltechnik **22** (1971) 12, S. 587–591.

Butjagin, P. A., Butkova, N. T., Grickov, I. V., Finger, G. G., Prozorova, G. P., Bakšeev, I. P., Mogilevskij, E. M., Papkov, S. P.: Einfluß der Nachzersetzung von kontinuierlich ersponnenen Viskosefäden auf deren Entschwefelungsgrad. Chim. Volokna (Chem. Fasern) (1971) 6, S. 60–61.

Prozorova, G. E., Butjagin, P. A., Mogilevskij, E. M., Finger, G. G., Bakšeev, I. P., Papkov, S. P.: Tensometrische Untersuchungen des Erspinnens von Viskoseseide auf Kontinuemaschinen. Chim. Volokna (Chem. Fasern) (1971) 6, S. 64–66.

Danilin, G. A., Rjabuškin, A. V., Serkov, A. T.: Hydrodynamische Grenzschicht beim Naßerspinnen von Chemiefaserstoffen. Chim. Volokna (Chem. Fasern) (1971) 6, S. 62–64.

Bajbakova, Z. V., Kostrov, Ju. A., Majboroda, V. I., Jav'jalova, N. N., Pavlenko, A. A., Ivan, M. Ja., Kutnova, R. K., Milirskaja, R. A., Citorič, K. T.: Herstellung von textilen Fäden aus hochmolekularem Celluloseacetat. Chim. Volokna (Chem. Fasern) (1971) 6, S. 52–54.

Vasil'ev, M. P., Vol'f, L. A., Koteckij, V. V., Puchova, Z. I., Meos, A. I., Kut'in, V. A.: Untersuchung der Eigenschaften von Kollagenlösungen und von Kollagenfäden. Chim. Volokna (Chem. Fasern) (1971) 6, S. 55–57.

Synthetische Faserstoffe

Ito, Sh.: Sachverhalte zur Polyesterfaser mit modifiziertem Querschnitt. Japan Textile News (1971) 200, S. 58–59.

Kato, K., Furukawa, K., Yoshizaki, O.: Mechanische Spaltung der Moleküle von Polyamid-6-Faserstoff während des Reckprozesses. I. Der Einfluß der Beanspruchungsart und der Art des Reckens auf die Spaltung. II. Veränderung der relativen Molekülmasse und ihrer Verteilung sowie Diskussion des Spaltungsmechanismus. Kobunshi Kagaku, Tokyo (Chem. High Polymers) **28** (1971) 316 (8), S. 687–692, 693–700 (jap.; engl. Zusammenfass.).

Starkov, A. N., Vol'f, L. A., Maksimov, A. M., Gračev, V. I., Klimenko, I. B.: Herstellung von modifizierten Polyamidfaserstoffen. Ž. prikl. Chimii (Z. angew. Chemie) **44** (1971) 10, S. 2290–2294.

Morin, B. P., Stančenko, G. I., Koptel'nikova, T. N., Liršic, R. M., Rogovin, Z. A.: Herstellung von Polycaprolactamfäden mit Kationen- bzw. Anionenaustauscher-Gruppen. Chim. Volokna (Chem. Fasern) (1971) 9, S. 28–30.

Szabo, I.: Erfahrungen bei der Foliefadenerzeugung in Ungarn. Techn. Textilien **14** (1971) 5, S. 132–135.

Badrian, W. H., Choufoer, J. H. L.: Fibrillierte Polypropylenfaser. Textile Manuf. **97** (1971) 1159, S. 263–268.

Leibnitz, E., Dietrich, K., Reinisch, G., Winkler, F., Schmidt, F.: Über Poly-[äthylen-co-(b)-polyoxaäthylen]-terephthalate. II. Laborschmelzspinnversuche und Fadeneigenschaften. Faserforsch. u. Textiltechnik **22** (1971) 11, S. 541–545.

Jakobasch, H.-J., Grosse, I., Schumann, U.: Bestimmung des Glasumwandlungspunktes von Polyacrylnitrilfasern durch wechselstrompolarographische Messung der Tensidadsorption. Faserforsch. u. Textiltechnik **22** (1971) 11, S. 571–572.

Šalabi, S. E., Devni, V., Gabrieljan, G. A., Konkin, A. A.: Synthese von Polyacrylnitril/Methacrylsäure-Pfropfcopolymeren. Chim. Volokna (Chem. Fasern) (1971) 6, S. 43–45.

Horn, H.-G.: Neues aus Chemie, Physik und Anwendung der Fluorkohlenstoffpolymeren. Chem. Ztg. **95** (1971) 21, S. 893–907.

Künstliche mineralische Faserstoffe

Zawadzki, A.: Glasseide. Technik włókienn. (Textiltechn.) **20** (1971) 8, S. 225–228.

III. Fäden-Herstellungstechnologien

Spinnerei. Zwirnerei

Parkin, W.: Paris im Rückblick: Langfaser-Garne. Textile Inst. Ind. **9** (1971) 11, S. 313–314.

Ripka, J.: Vergleichmäßigkeitseffekt der zyklischen Faserverteilung in der Spinnturbine der spindellosen Spinnmaschine. Textil, Praha **26** (1971) 9, S. 291–292; 10, S. 323–325.

Spinnereivorbereitung

Simon, L.: Ergebnisse mit einer Steuerstrecke am Ausgang einer Kardengruppe. Dt. Textiltechnik **21** (1971) 11, S. 684–689.

Hewitt, A., Townend, P. P.: Der Einfluß der Faserlänge, der linearen Dichte, der Produktionsgeschwindigkeit und des Winkels der Tambour-Zähne auf den Flug während des Kardierens. J. Textile Inst. **62** (1971) 11, S. 648–653.

Lozanov, L., Petkanova, N.: Anwendung von Versuchs-Planungsmethoden bei der Untersuchung der Strecke LNS-51-2. Tekstil. Prom., Sofija (Textil-Ind.) **20** (1971) 7/8, S. 354–357.

Nikolaev, V. B., Ignatov, A. V.: Verbesserung der Arbeitsweise der Karden. Tekstil. Prom., Moskva (Textil-Ind.) **31** (1971) 9, S. 37–39.

Spinnerei

Dralon-Verspinnung in Lancashire. Textile Month (1971) 10, S. 78, 81.

Lünenschloß, J. W., Pfeifle, D., Rottmayr, H.: Berührungslose Temperaturmessung des Spinnläufers mit Hilfe eines Infrarot-Mikroskops. Melliand Textilber. internat. **52** (1971) 11, S. 1237–1244.

OE-Spinnen. Japan Textile News (1971) 201, S. 55–65.

Margulis, V. E.: Über die Bildung der Faserschicht in den Kammern der Offen-End-Spinnmaschinen. Tekstil. Prom., Moskva (Textil-Ind.) **31** (1971) 9, S. 35–37.

Erzeugnisse der Spinnerei und Zwirnerei

Astaf'ev, D. D.: Für eine hohe Nähgarnqualität und Produktivität. Tekstil. Prom., Moskva (Textil-Ind.) **31** (1971) 9, S. 39–40.

Pomfret, W. R.: Minimalisierung von Garnmängeln. Textile Month (1971) 10, S. 67; 69–71.

Rózycki, A.: Garne aus Glasfasern – ein spezifischer Textilrohstoff. Technik włókienn. (Textiltechn.) **20** (1971) 8, S. 228–231.

Texturfäden

Denton, M. J.: Paris im Rückblick: Entwicklungen in Garn-Texturiermaschinen. Textile Inst. Ind. **9** (1971) 11, S. 307–312.

Reichman, Ch.: Aussichten für Texturseide: erhöhte Produktion in den USA, höhere Importe. Knitting Times **40** (1971) 31, S. 41–42.

Ivanova, L. V., Lotarev, B. M., Šimko, I. G., Lipinskij, S. P., Merzljakova, D. I., Usenko, V. A.: Herstellung von texturierten Viskosefäden. Chim. Volokna (Chem. Fasern) (1971) 6, S. 66–68.

Pestel, K.: Maschinen zur Fadenherstellung und Texturierung. Dt. Textiltechnik **21** (1971) 11, S. 702–704.

Sonstige Fäden

Heim, E.: Filamentmischgarne – eine neue Gruppe von Endlosgarnen. Chemiefasern **21** (1971) 12, S. 1037–1042.

Pamm, G., Heuberger, O., Ibrahim, M., Field, C.: Ein neues Garnkonzept – Acrylfasern in Weberei und Strickerei. Chemiefasern **21** (1971) 12, S. 1042–1047.

IV. Flächengebilde-Herstellungstechnologien

Computer-Design in der Textilindustrie. Melliand Textilber. internat. **52** (1971) 11, S. 1352.

Nikolov, A., Nenov, T.: Vorausberechnung von Geweben – eine wichtige Reserve zur Selbstkostensenkung in der Konfektionsindustrie. Tekstil. Prom., Sofija (Textil-Ind.) **20** (1971) 7/8, S. 337–341.

Materialvorbereitung

Rozelle, W. N., jr.: Schlichteverfahren in Webereien in Alabama. Textile Ind. **135** (1971) 7, S. 31–33.

Maschine zum Splitten von im Duplex-Verfahren hergestellten texturierten Garnen. Chemiefasern **21** (1971) 12, S. 1071–1072.

Weberei

Molnar, I.: Anwendungstechnische Erfahrungen mit Foliefäden in ungarischen Webereien. Techn. Textilien **14** (1971) 5, S. 136–138.

Weberei-Technologie

Onikov, E. A.: Effektivität der neuen Technik in der Baumwollweberei. Tekstil. Prom., Moskva (Textil-Ind.) **31** (1971) 9, S. 43–45.

Die Weberei und eine neue schützenlose Webmaschine. Textilia, Milano **47** (1971) 10, S. 51–55.

Hoepp, H.-D.: Materialverluste bei der Herstellung von Nadelfilz-Teppichböden. Melliand Textilber. internat. **52** (1971) 11, S. 1270–1274.

Herzog, W.: Der Nutzwert von textilen Fußbodenbelägen und seine Prüfung. II. Der akustische Komfort. Textilindustrie, Mönchengladbach **73** (1971) 10, S. 678–684.

Erzeugnisse der Weberei

Krysztofczyk, K.: Gewebe aus Glasgarnen. Technik włókienn. (Textiltechn.) **20** (1971) 8, S. 232–235.

Golobokova, G. G., Starikova, M. M., Lejtes, L. G.: Einige Untersuchungen von Geweben mit unterschiedlicher Füllung. Tekstil. Prom., Moskva (Textil-Ind.) **31** (1971) 9, S. 67–70.

Wirkerei und Strickerei. Konfektionstechnik. Sonstige Technologien

Doughty, J. C.: Forschung und Entwicklung bei Maschenware und Maschenstoffen. Teil 2. Hosiery Trade J. **78** (1971) 934, S. 121, 122, 127–130.

Ruta, D.: Die Polynosic-Faser und die Wirkerei. Textilia, Milano **47** (1971) 10, S. 91–94.

Milašene, L. Ju., Matukonis, A. V.: Weiterreißfestigkeit von verstärkten Geweben in Abhängigkeit von der Verstärkungsdichte und dem Verstärkungsverfahren. Tekstil. Prom., Moskva (Textil-Ind.) **31** (1971) 9, S. 64–67.

Erzeugnisse der Wirkerei und Strickerei

Kenin, R. S.: Metallisierte Fäden für Kettengewirke. British Knitting Ind. **44** (1971) 506, S. 78–80.

Hargreaves, E. M.: WIRA hilft beim Eindringen der Weber in die Maschentextilienproduktion. British Knitting Ind. **44** (1971) 506, S. 56–58; 60.

Krylova, L. A., Ignatova, L. P.: Einfluß des Maschenmodulverhältnisses auf die Scheuerfestigkeit von Kettengewirken aus Fäden von unterschiedlicher Faserstoffzusammensetzung. Izv. vysšich uč. Zav. Technol. legkoj Prom. (Hochschulnachr. Technol. Leichtind.) (1971) 4, S. 28–31.

Turner, C. T.: Flor- und Raschelstoffe aus Acrilan. British Knitting Ind. **44** (1971) 508, S. 83–85.

Bush, H. R.: Doppeltrikot: Hauptrolle für Wolle in einer andauernden Erfolgsgeschichte. British Knitting Ind. **44** (1971) 507, S. 75; 77; 79; 81–82; 99–100.

Audas, G.: Ultron: Eine Umwälzung in Polyamiderzeugnissen. British Knitting Ind. **44** (1971) 508, S. 86–87.

Doughty, J. C.: Forschung und Entwicklungen bei Maschenware und Maschenstoffen. Teil 1. Hosiery Trade J. **78** (1971) 933, S. 103–110.

Konfektion

Audas, G.: Glänzende Zukunft für Acrilan in Herrenbekleidung. British Knitting Ind. **44** (1971) 508, S. 70; 73.

Michajlov-Tepljakov, V. A.: Zusätzliche Analyse möglicher Kontrollsysteme durch Laserstrahlen beim Einsatz in der Konfektionsindustrie. Izv. vysšich uč. Zav. Technol. legkoj Prom. (Hochschulnachr. Technol. Leichtind.) (1971) 4, S. 166–169.

Mailand, R.: Die Polynosic-Faser und die Maschenware. Chemiefasern **21** (1971) 12, S. 1063–1065.

Textilverbundstoffe

Böttcher, P.: Vliesstoffe. Techn. Textilien **14** (1971) 5, S. 129–132.

Jedrzejewski, W.: Die Rohstoffbasis bei der Herstellung von Vliesstoffen. Technik włókienn. (Textiltechn.) **20** (1971) 7, S. 221–222.

Brescher, K.: Maschinenhersteller für Non-wovens auf der ITMA '71. Chemiefasern **21** (1971) 11, S. 979–980.

Faserverbundstoffe. Vliesstoffe

Hauptforschungsrichtungen bei der Herstellung von Vliesstoffen aus verschiedenen Faserstoffen. Tekstil. Prom., Moskva (Textil-Ind.) **31** (1971) 9, S. 51–52.

Chechowicz, T., Slawski, H.: Einfluß des Speiseverfahrens auf die Vliesgleichmäßigkeit bei der Herstellung von Klebvliesstoffen. Technik włókienn. (Textiltechn.) **20** (1971) 7, S. 218–220.

Fadenverbundstoffe

Moncrieff, R. M.: Eigenschaften und Verwendungszwecke von Malimo-Nähgewirken. Textile Manuf. **97** (1971) 1160, S. 325–326.

Unger, F.: Erfahrungen bei der Herstellung von Florwaren nach dem Malipol-Verfahren. Dt. Textiltechnik 21 (1971) 11, S. 689–694.

Schichtstoffe

Tufting-Mechanismus: Zwei Tendenzen augenfällig. Textile Month (1971) 10, S. 58–59.
Körtje, W.: Glasfaserverstärkung stabilisiert Teppichboden. Boden, Wand, Decke 17 (1971) 10, S. 54–55; 71.
Heintze, E. F., Keyser, J.-C.: Fadengelege – ein Verbundstoff mit wachsendem Markt. Textilindustrie, Mönchengladbach 73 (1971) 11, S. 753–759.

V. Textilveredlung

Kazarjan, M. Z., Senachova, R. V., Sadov, F. I., Lopes, S. E., Krasnova, V. S., Kleenkina, L. G.: Einsatz des Verdickungsmittels Sopan beim Bedrucken von Baumwollgeweben. Tekstil. Prom., Moskva (Textil-Ind.) 31 (1971) 9, S. 61–62.

Farbstoffe. Textilhilfsmittel

Moore, D. R.: Bewertung von Tensiden für die Textilindustrie. Textilia, Milano 47 (1971) 10, S. 109–111.
Kamel, M., Abd El Thatout, I.: Säurehydrolyse von Carboxymethylcellulose. Kolor. Ertesitö, Budapest (Kolor. Rdsch.) 13 (1971) 9/10, S. 204–207 (engl.).
Eine Übersicht über neue Farbstoffe. Internat. Dyer, Textile Printer, Bleacher, Finisher 146 (1971) 8, S. 463; 465–466; 469; 471–475.
Übersicht über Druckfarbstoffe für Gewirke und Gestricke. Knitting Times 40 (1971) 25, S. 35–47.
Csürös, Z., Rusznák, I., Szoróka, J.: Untersuchung der Bildung und Reaktionen von Dialdehydstärke. I. Untersuchung des chemischen und des enzymatischen Abbaues der Dialdehydstärke. Kolor. Ertesitö, Budapest (Kolor. Rdsch.) 13 (1971) 9/10, S. 194–202.
Vasilenok, Ju. I., Konoplev, B. A., Lagunova, V. N., Simonov, A. M., Požarskij, A. F., Zvezdina, E. A., Adrejčikov, Ju. P.: Neue Antistatika für Plaste. Plast. Massy, Moskva (Plast. Massen) (1971) 10, S. 11–13.

Bleicherei. Sonstige Vorbehandlungsarbeiten der Textilveredlung

Berndt, F.: Kontinue- und Halbkontinueverfahren in der Vorbehandlung von Geweben aus Baumwolle und deren Mischungen mit synthetischen Fasern. Textilindustrie, Mönchengladbach 73 (1971) 11, S. 777–783.
Serafimov, S., Asenov, A., Vulčev, L., Belokonska, St.: Bedingungen zur Neutralisierung von karbonisiertem Wollfasermaterial. Tekstil. Prom., Moskva (Textil-Ind.) 20 (1971) 7/8, S. 361–363.
Schwenkedel, S., Reicherl, I., Reichte, R.: Untersuchung der Moglichkeiten, Schmutz- und Fettflecken aus Geweben vor deren Weiterverarbeitung zu entfernen. Melliand Textilber. internat. 52 (1971) 11, S. 1253–1258.
Żyżka, D.: Entschlichten von Glasgeweben. Technik włókienn. (Textiltechn.) 20 (1971) 8, S. 248–250.

Färberei

Die Rentabilität einer rechnergesteuerten Färberei. Chemiefasern 21 (1971) 11, S. 933–934.
Färben und textile Ausrüstungsprozesse in organischen Lösungsmitteln. Allg. prakt. Chemie, Wien 22 (1971) 9, S. 242–245.
Dorset, B. C. M.: Wolle: Kaltfärbe-Schnellverfahren. Textile Manuf. 97 (1971) 1160, S. 330–336.
Eine neue IMCA-Färbemaschine für das kontinuierliche Färben von Fadenkabeln und Faserbändern aus Polyester- und Polyacrylnitrilfaserstoff. Textilia, Milano 47 (1971) 10, S. 85–86.
Schödel, E.-O.: Reaktivfarbstoffe auf Nylon. Die Hostalanfarbstoffe. Textilbetrieb 89 (1971) 11, S. 1035–1037.
Frauenknecht, J., Engeler, E., Schwer, D.: Auswahl von Säurefarbstoffen und Färbereichemikalien für die Polyamid-Teppichfärberei. Chemiefasern 21 (1971) 11, S. 942–951.

Druckerei

Hosiery Trade J. macht Sie mit dem neuesten Stand des Abziehdrucks vertraut: eine textile „Goldgrube" mit vielen Facetten. Hosiery Trade J. 78 (1971) 934, S. 87–88, 90–107.
Borisov, A. M., Pochil'ko, L. A., Belenko, G. A., Cernyšov, B. D.: Zweiphasen-Druckverfahren mit Küpenfarbstoffen. Tekstil. Prom., Moskva (Textil-Ind.) 31 (1971) 9, S. 55–57.
Haigh, D.: Neuerungen für den Film-, Rotations- und Abziehdruck von Maschentextilien. Knitting Times 40 (1971) 38, S. 74–79.

Ausrüstung. Trocknung

Polesskaja, S. F., Rogovin, Z. A., Konkin, A. A.: Herstellung von Wolle mit neuen Eigenschaften durch chemische Modifizierung. Tekstil. Prom., Moskva (Textil-Ind.) 31 (1971) 9, S. 33–35.
Reid, D., Kullman, R. M. H., Reinhardt, R. M.: Carbamate mit geringer Formaldehydbildung als Flammfestausrüstungsmittel. Textilia, Milano 47 (1971) 10, S. 31–36.
Aenishänslin, R.: Brennbare Faserstoffe und flammhemmende Ausrüstungen. Textilindustrie, Mönchengladbach 73 (1971) 11, S. 760–765.
Hantge, H.: Flammschutzausrüstung von Textilien. Textilveredlung, Weinfelden/Schweiz 6 (1971) 10, S. 637–645.
Jedrusiak, Z.: Flammfeste Präparation von Förderbandgeweben, die zum Überziehen mit Polyvinylchlorid vorgesehen sind. Technik włókienn. (Textiltechn.) 20 (1971) 7, S. 212–217.
Jones, F. W.: Permanent-Preß-Effekte auf Wolle, Teil XI: Der Einfluß der Permanent-Preß-Ausrüstungen auf die Knitterwinkel-Erholung. J. Textile Inst. 62 (1971) 11, S. 591–599.
Reine, A. H.: Pfropf-Photopolymerisation von Monomeren auf Baumwollcellulose. Textile Manuf. 97 (1971) 1160, S. 327–328.
Dorset, B. C. M.: Pflegeleicht-Ausrüstungsverfahren. Textile Manuf. 97 (1971) 1159, S. 284–291.
Neues über die Ammoniakbehandlung von Baumwollgarnen. Textilindustrie, Mönchengladbach 73 (1971) 11, S. 800–801.
Singer, R. E.: Wie wird die Geruchsbelästigung vermindert? Amer. Dyestuff Rep. 60 (1971) 8, S. 30; 32–33.

Wäscherei. Chemische Reinigung

Oldenroth, O.: Beeinflussung der Waschintensität (WI) in Abhangigkeit von Chemie und Mechanik. Fette, Seifen, Anstrichmittel/Ernährungsind. 73 (1971) 11, S. 687–691.
Viertel, O., Hülsmann, H., Schmidt, H.: Untersuchungen über das Waschen pflegeleichter Bett- und Tischwäsche im Haushaltwaschvollautomaten und Trocknen im Haushalttrockner. Chemiefasern 21 (1971) 11, S. 981–988.
Zum Reinigungsverhalten von Lederbekleidung. Textilreinigung 18 (1971) 12, S. 373–374.
Balzer, M.: Testung eines Durchgangstrockners der PGH Schlosser und Maschinenbau, Frankenberg. Textilreinigung 18 (1971) 10, S. 362–365; 11, S. 332–334; 12, S. 362–365.

VI. Werkstoffprüfung. Meß- und Prüftechnik. Standardisierung

Lünenschloß, J., Helli, J.: Untersuchung der Dickstellenhäufigkeit verschiedener Baumwollsortimente über einen längeren Produktionszeitraum. Textilindustrie, Mönchengladbach 73 (1971) 10, S. 657–665.
Carrié, C.: Zur Wirkung von Textilien, insbesondere Chemiefasertextilien, auf die menschliche Haut. Chemiefasern 21 (1971) 12, S. 1048–1052.

Eigenschaften und Fehler der Textilmaterialien u. a.

Rogovina, A. A., Fajnberg, E. Z., Kuznecova, R. E.: Kinetik der Wärmeabgabe bei der zyklischen Ermüdung von Chemiecordseiden. Chim. Volokna (Chem. Fasern) (1971) 6, S. 74–76.
Komissarov, S. A., Aleksandrov, V. I., Barambojm, N. K.: Spektroskopische Untersuchung von Produkten der mechanischen Dispergierung von Polyacrylnitrilfasern, die zur Füllung von Sohlengummi eingesetzt werden. Izv. vysšich. uč. Zav. Technol. legkoj Prom. (Hochschulnachr. Technol. Leichtind.) (1971) 4, S. 32–35.
Omura, Y., Wakayama, K., Inoue, T.: Pillbildung auf Wollfasern. Der Einfluß der Fusselhaare auf die Pillneigung. J. Textile Mach. Soc. Japan (1971) 2, S. 61–68.
Bitterli, W.: Das Brennverhalten von Gewebelagen aus verschiedenen Fasern. Textilveredlung, Weinfelden/Schweiz 6 (1971) 10, S. 660–664.
Ničiporčik, L. D., Nazarova, T. V.: Über die Kennwerte der Festigkeitsgleichmäßigkeit von Kapron-Cordseide. Chim. Volokna (Chem. Fasern) (1971) 9, S. 30–32.
Juulman, C. O. L.: Trübung und Klardurchsichtigkeit von Kunststoff-Folien. Kunststoffe 61 (1971) 11, S. 843–847.
Koch, P.-A.: Beiträge zur quantitativen Bestimmung der Faseranteile in Mischgespinsten. I. Das Sedimentationsverfahren. Textilindustrie Mönchengladbach 74 (1971) 11, S. 737–741.
Stamm, G.: Heutiger Stand der Brenn- und Entflammbarkeitsprüfung an Textilien. Textilveredlung, Weinfelden/Schweiz 6 (1971) 10, S. 656–660.

Meß- und Prüftechnik

Latzke, P. M.: Textile Prüf- und Meßgeräte auf der ITMA '71. Chemiefasern 21 (1971) 11, S. 970–979.
Böcketmann, R.: Prüfverfahren zur Beurteilung des Kraft-Längenänderungsverhaltens von genähten Nahtverbindungen aus Gewirken und Gestricken. Bekleid. u. Maschenware 10 (1971) 5, S. 197–203.
Wegener, W., Merkle, R.: Infrarotspektroskopische, röntgenographische und mechanisch-technologische Untersuchungen des Einflusses einer Hochvakuumentgasung an einem DMF-haltigen Multifil aus Polyacrylnitril-Copolymerisat. Textilindustrie, Mönchengladbach 73 (1971) 10, S. 666–670.
Tichomirov, V. B., Samojlova, L. V.: Mechanisches Modell von Klebvliesstoffen. Izv. vysšich uč. Zav. Technol. legkoj Prom. (Hochschulnachr. Technol. Leichtind.) (1971) 4, S. 23–27.
Maillemeter I.T.F. – Anwendungsmöglichkeiten bei der Qualitätskontrolle in der Wirkerei und Strickerei. Knitting Times 40 (1971) 31, S. 56–57.

Standardisierung. Terminologie

Randev, P., Slovačevski, J.: Wachsende Rolle der Standardisierung bei der Qualitatsregelung. Tekstil. Prom., Sofija (Textil-Ind.) 20 (1971) 7/8, S. 341–343.
Uhlmann, R. H.: Terminologie der Wirkerei und Strickerei. Melliand Textilber. internat. 52 (1971) 11, S. 1298–1304.
Reichman, Ch.: Die Terminologie von Gewirken und Gestricken – ein grundlegendes Glossar von Begriffen der Wirkerei und Strickerei für Zuschneider von Herrenbekleidung. Knitting Times 40 (1971) 33, S. 46–49.

VII. Betriebstechnik. Ökonomie. Tagungsberichte und dgl.. Sonderfragen

Betriebstechnik

Graf, F.: Betriebsorganisation in der Strickwaren-Oberbekleidungsfertigung. Wirk.- u. Strick.-Technik 26 (1971) 11, S. 801–806.
Kudrjavcev, B. M.: Zur Optimierung industrieller Prozesse mittels statistischer Verfahren. Zavodsk. Labor., Moskva (Betriebslabor) 37 (1971) 10, S. 1226–1228.
Ruppe, D.: Lärmprobleme in Textilreinigungsbetrieben. Textilreinigung 18 (1971) 12, S. 360–362.
Dorr, W.: Arbeitsschutzprobleme beim Übergang mit Lösungsmitteln in der Chemischreinigung. Textilreinigung 18 (1971) 11, S. 346–347.
Pro Aqua – Pro Vita '71. Chemiefasern 21 (1971) 11, S. 990–994.
Middleton, A. B.: Wie aktivierte Kieselerde für die Wasserbehandlung in Textilbetrieben eingesetzt wird. Amer. Dyestuff Rep. 60 (1971) 8, S. 26–27; 29.

Ökonomie

Fietz, J.: Durchführung von Gebrauchswert-Kosten-Analyse. Bekleid. u. Maschenware 10 (1971) 5, S. 234–236.
Prognosen ersetzen ein Risiko. VDI-Nachr. 25 (1971) 50, S. 13.
Monatsübersicht. Textile Organon 42 (1971) 8, S. 113–127.

Sonderfragen

Manolescu-Chivu, M.: Terminologiekontrolle in dem wissenschaftlichtechnischen Dokumentations- und Informationssystem der Leichtindustrie. Ind. textilă, Bucureşti 22 (1971) 10, S. 601–609.
Schnegelsberg, G.: Gibt es ein Bezugssystem für Textilien? Textilindustrie, Mönchengladbach 73 (1971) 11, S. 771–776.
Echternach: Ein Fortschrittsbericht über Monsantos Betrieb in Luxemburg. Textile Month (1971) 11, S. 38–40.

FSC
www.fsc.org
MIX
Papier | Fördert gute Waldnutzung
FSC® C083411

Zeitfracht Medien GmbH
Ferdinand-Jühlke-Straße 7
99095 Erfurt, Deutschland
produktsicherheit@kolibri360.de